数学をつかう

統計学のキホン

意味がわかる

石村友二郎 著　石村貞夫 監修

東京図書

Preface

はじめに

統計学の講義や統計解析のセミナーをおこなうと
決まって

『統計はやさしそうなんだけど，いまひとつ…？』
『相関係数って，何を計算してるのかしら？』
『正規分布って，役に立つの？』

といったささやきが，耳に入ってきます．

統計学は，決して難しい分野ではありませんが
ふだん　目にしない

$\sum_{i=1}^{N} A_i$　　$\sum_{i=1}^{N} (x_i - \bar{x})^2$　　$\sum_{i=1}^{N} (x_i - \bar{x})(y_i - \bar{y})$

$\frac{1}{\sqrt{2\pi}} e^{-\frac{1}{2}x^2}$　　$\Gamma\left(\frac{m+1}{2}\right)$　　$\Gamma\left(\frac{m}{2}\right)$

といった数学記号や，
耳慣れない

度数　　標準偏差　　相関係数

確率分布　　確率変数　　確率密度関数

といった統計用語が，次々と登場するため，
どうしても戸惑ってしまいます．

したがって，統計学の勉強には，このような耳慣れない用語に
少しずつ慣れてゆくことも必要です．

「読書百遍意自ずから通ず」
とまではいかなくても
　統計はいまひとつピンとこなかった方
や
　統計は2度目のチャレンジという方
も，この本でもう一度勉強していただければ
　ハムちゃんのように

といった感じで，理解がさらに深まることと思います．
　この本をきっかけに，統計学に親しんでいただけたら，
これ以上の喜びはありません．

　最後になりましたが，東京図書の故須藤静雄編集部長と
元編集部の宇佐美敦子さん，編集部の河原典子さんに
深く感謝の意を表します．
　ありがとうございました．

2021年4月8日

四国の旧宇摩郡上分村にて　著　者

もくじ

●本書は『統計学の基礎のキ―分散と相関係数』『統計学の基礎のソ―正規分布と t 分布』を全面的に書き換え，リニューアルしたものです．
また本書では，Excel 2019/365，IBM SPSS Statistics 27 を使用しています．
SPSS 製品に関する問い合わせ先：
〒 103-8510 東京都中央区日本橋箱崎町 19-21
日本アイ・ビー・エム株式会社 クラウド事業本部 SPSS 営業部
Tel.03-5643-5500　Fax.03-3662-7461　URL http://www.ibm.com/analytics/jp/ja/technology/spss/

数学をつかう　意味がわかる

統計学のキホン

chapter 1
統計の基本はデータのたし算から

統計は**データ**が命です.

統計処理とは，そのデータの四則演算を意味します.
したがって……

統計の基本は

データの合計

から始まります.

この合計のことを Excel 関数で

SUM

と書きます.
そこで，合計のことをギリシャ文字で

Σ

という記号で表すことにしましょう.

合計と SUM とΣ

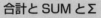

データの**合計**＝データの **SUM** ＝データの **Σ**

Section 1.1 データのたし算から始めましょう

次のデータは 8 匹のハムスターの体長です.

$$\begin{pmatrix} 7.6\,\text{cm} & 8.2\,\text{cm} & 9.6\,\text{cm} & 7.1\,\text{cm} \\ 10.3\,\text{cm} & 8.5\,\text{cm} & 9.3\,\text{cm} & 10.6\,\text{cm} \end{pmatrix}$$

この体長の合計は？

そこで，7.6 cm から 10.6 cm まで，たし算してみましょう.

8 つのデータの合計は

$$7.6 + 8.2 + 9.6 + 7.1 + 10.3 + 8.5 + 9.3 + 10.6 = 71.2$$

となりました.

したがって，8 匹のペットハムスターの体長の合計は

71.2 cm

です.

データの合計 $= \sum_{i=1}^{8} x_i = 71.2$

Section 1.2 SUMという名の関数

ハムスターの体長を，Excel のワークシートに入力してみましょう．

	A	B	C	D	E	F
1	7.6	←	A1			
2	8.2	←	A2			
3	9.6	←	A3			
4	7.1	←	A4			
5	10.3	←	A5			
6	8.5	←	A6			
7	9.3	←	A7			
8	10.6	←	A8			

このとき，8 匹の合計は

$$7.6 + 8.2 + 9.6 + 7.1 + 10.3 + 8.5 + 9.3 + 10.6 = 71.2$$

したがって，Excel のセルの記号で表すと

$$A1 + A2 + A3 + A4 + A5 + A6 + A7 + A8 = 71.2$$

となります．

Excel のような表計算ソフトを利用するとき，データの合計は

= A1 + A2 + A3 + A4 + A5 + A6 + A7 + A8　とか

= SUM（A1 : A8）　のように入力します．

データから
計算された値を
統計量といいます

この 2 つの式を Excel の

セル C2

セル C4

に入力してみると…

=A1+A2+A3+A4+A5+A6+A7+A8

	A	B	C	D	E	F
1	7.6					
2	8.2	合計	71.2			
3	9.6					
4	7.1	合計	71.2			
5	10.3					
6	8.5					
7	9.3					
8	10.6					

=SUM(A1:A8)

したがって

A1 + A2 + A3 + A4 + A5 + A6 + A7 + A8
= SUM（A1 : A8）

ですね !!

SUM は Excel の関数です
SUM（A1 : A8）は
「A1 から A8 まで合計する」
という意味ですね

この記号 SUM（サム） は，とても便利な表現方法です．

たとえば，次の 100 人の学生の身長を合計するとき……

表 1.2.1　次の 100 人の学生の身長

151	154	160	160	163	156	159	156	154	160
154	162	156	162	157	162	162	169	150	162
154	152	161	160	160	153	155	163	160	159
164	158	150	155	157	161	168	162	153	154
158	151	155	155	165	165	154	148	169	158
146	166	161	143	156	156	149	162	159	164
162	167	159	153	146	156	160	158	151	157
151	156	166	159	157	156	159	156	156	161
151	162	153	157	153	159	157	158	159	159
159	153	153	164	157	157	155	149	160	150

Excel のセルに

= A 1 + A 2 + A 3 + A 4 + A 5 + A 6 + A 7 + A 8 + A 9 + A10
+ A11 + A12 + A13 + A14 + A15 + A16 + A17 + A18 + A19 + A20
+ A21 + A22 + A23 + A24 + A25 + A26 + A27 + A28 + A29 + A30
+ A31 + A32 + A33 + A34 + A35 + A36 + A37 + A38 + A39 + A40
+ A41 + A42 + A43 + A44 + A45 + A46 + A47 + A48 + A49 + A50
+ A51 + A52 + A53 + A54 + A55 + A56 + A57 + A58 + A59 + A60
+ A61 + A62 + A63 + A64 + A65 + A66 + A67 + A68 + A69 + A70
+ A71 + A72 + A73 + A74 + A75 + A76 + A77 + A78 + A79 + A80
+ A81 + A82 + A83 + A84 + A85 + A86 + A87 + A88 + A89 + A90
+ A91 + A92 + A93 + A94 + A95 + A96 + A97 + A98 + A99 + A100

のように入力していたら，とても大変！

でも

SUM（　：　）

の記号を使えば，データが100個あっても

SUM（A1：A100）

で，オシマイです．

A2とかA3～は
なくてもいいの？

たとえば……

B2からB500まで合計したいときでも
＝SUM（B2：B500）

C3からC1000まで合計したいときも
＝SUM（C3：C1000）

このように，**SUM**の記号を使うと

先頭のセル番号　と　**最後のセル番号**

だけでいいのです．

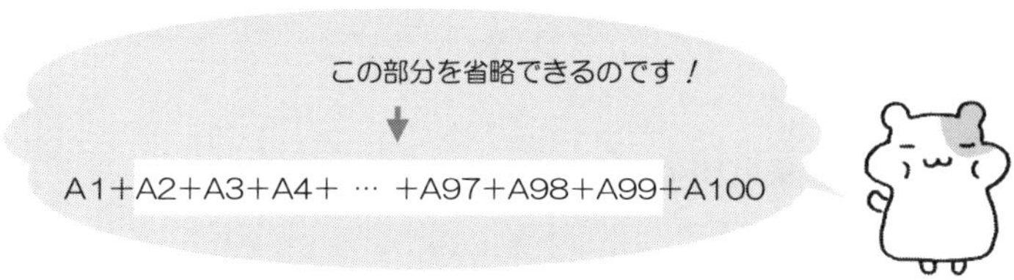
この部分を省略できるのです！
A1＋A2＋A3＋A4＋ … ＋A97＋A98＋A99＋A100

Section 1.3 ところで A_i も便利な記号です

A1 から A8 まで合計するとき，記号 **SUM** を使って

= SUM（A1：A8）

のように表すと，とても簡単なのですが，
1つだけ困ったことがあります．

それは **途中の値が見えてこない** ということです．

そこで，A_i という記号を使って，次のような表現

$$A_1 + A_2 + \cdots + A_i + \cdots + A_8$$

を考えてみましょう．ということは

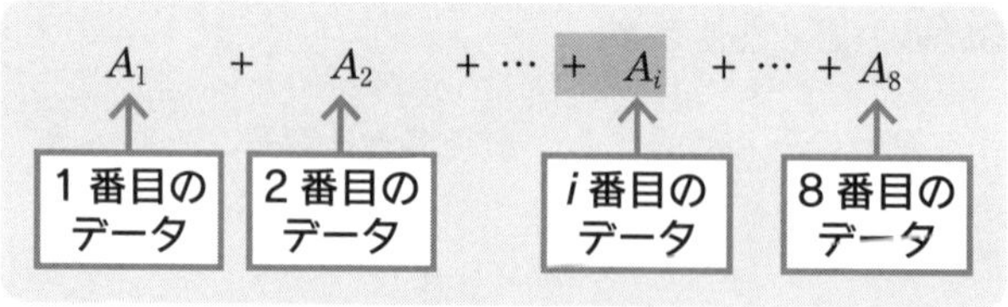

となります．
この記号の便利な点は，A_i と書くことによって

i が決まれば A_i の形が見えてくる

ということです．

Section 1.4 ちょっと数学的に“Σ（シグマ）”を使ってみませんか？

SUM の S に対応するギリシャ文字は Σ（シグマ）です．

SUM（サム） のことを **Σ**（シグマ） で表すことにしましょう．

たとえば，A_1 から A_8 までの SUM を Σ で表すと……

$$\mathrm{SUM(A1:A8)} = A_1 + A_2 + \cdots + A_8$$

⇨

$i = 1$ のときの $A_i = A_1$
＋
$i = 2$ のときの $A_i = A_2$
＋
⋮
＋
$i = 8$ のときの $A_i = A_8$

⇨ $i = 1$ から $i = 8$ までの A_i の Σ

⇨

$$\sum_{i=1}^{8} A_i$$

となります．

Section 1.5 $A_1 \cdots A_8$ から $x_1 \cdots x_8$ へ

統計では，N 個のデータのことを

x（エックス）

という記号を使って

$$\{ x_1 \quad x_2 \quad \cdots \quad x_N \}$$

のように表します．

8 匹のハムスターの体長のデータは

$$\{ 7.6 \quad 8.2 \quad 9.6 \quad 7.1 \quad 10.3 \quad 8.5 \quad 9.3 \quad 10.6 \}$$

のように並んでいるので，データと記号の対応は

表 1.5.1 データと $x_1 \quad x_2 \quad \cdots \quad x_N$ との対応

x_1	x_2	x_3	x_4	x_5	x_6	x_7	x_8
7.6	8.2	9.6	7.1	10.3	8.5	9.3	10.6

となります．

したがって，8 匹のハムスターの体長の合計は

$$x_1 + x_2 + x_3 + x_4 + x_5 + x_6 + x_7 + x_8$$

$$= 7.6 + 8.2 + 9.6 + 7.1 + 10.3 + 8.5 + 9.3 + 10.6$$

$$= 71.2$$

ですね！

そこで，A_i と同じように，i 番目のデータを

$$x_i$$

と表現しましょう．

$$\boxed{\begin{matrix}x_1\\7.6\end{matrix}} + \boxed{\begin{matrix}x_2\\8.2\end{matrix}} + \cdots\cdots + \boxed{\begin{matrix}x_i\\ \end{matrix}} + \cdots\cdots + \boxed{\begin{matrix}x_8\\10.6\end{matrix}}$$

$$= \boxed{\begin{matrix}\text{1 番目}\\\text{データ}x_1\end{matrix}} + \boxed{\begin{matrix}\text{2 番目}\\\text{データ}x_2\end{matrix}} + \cdots\cdots + \boxed{\begin{matrix}i\text{ 番目}\\\text{データ}x_i\end{matrix}} + \cdots\cdots + \boxed{\begin{matrix}\text{8 番目}\\\text{データ}x_8\end{matrix}}$$

$$= \boxed{\begin{matrix}i=1\text{の}\\\text{データ}x_i\end{matrix}} + \boxed{\begin{matrix}i=2\text{の}\\\text{データ}x_i\end{matrix}} + \cdots\cdots + \boxed{\begin{matrix}i=i\text{の}\\\text{データ}x_i\end{matrix}} + \cdots\cdots + \boxed{\begin{matrix}i=8\text{の}\\\text{データ}x_i\end{matrix}}$$

$$= \boxed{\sum_{i=1}^{8} x_i}$$

したがって

$$\sum_{i=1}^{8} x_i = 71.2$$

となります．

N 個のデータ
$\{x_1 \quad x_2 \quad \cdots \quad x_N\}$
のときは
$x_1 + x_2 + \cdots + x_N = \sum_{i=1}^{N} x_i$
ですよ

chapter 2

平均値をわかってナットク！

統計学で最初に登場する用語，それは

平均値

です．

データが

$$\{\ x_1 \quad x_2 \quad \cdots \quad x_i \quad \cdots \quad x_N\ \}$$

のようにたくさんあったとき，

平均値は

データを代表する値

と考えられています．

いろいろな代表値

データを代表する値には

平均値　**中央値**　**最頻値**（さいひんち）　**最大値**　**最小値**

などいろいろあります．

代表という言葉を辞書で

調べてみると……

❶ その中の一部であるものが全体をよく表していること．

例．女性を**代表**する意見

例．東京を**代表**する風景

❷ 団体や多数の人に代わって，
その意見を他に表示すること．

例．新入生を**代表**して……

例．世界温暖化会議の日本**代表**

❸ その技術や能力が特にすぐれているという理由で，
ある集団の中から選ばれた人．

例．サッカーの**代表**選手

例．オリンピックの日本**代表**

データから
計算された値を
統計量といいます
だから平均値も
統計量の
1つですね

Section 2.1　データを代表する値を探しましょう！

次のデータは２匹のハムスターの体長です.

(7.6 cm　　9.3 cm)

この２つのデータを代表する値は？

そこで，体長を横軸にとり，この２つのデータを数直線上に表現してみましょう.

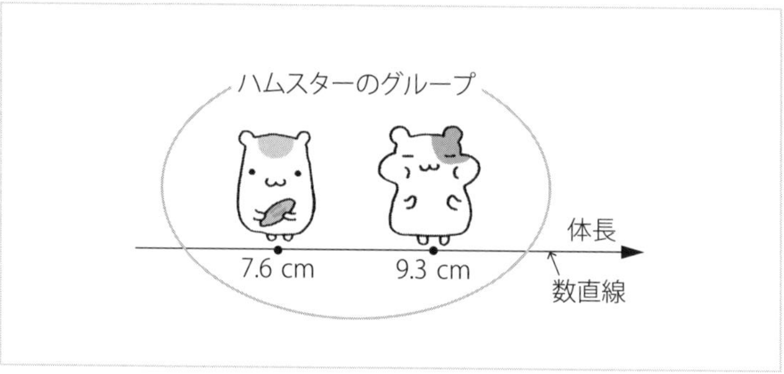

図 2.1.1　この２つのデータを代表する値は？

このとき…

２つのデータを代表する値は
数直線上のどこに位置しているのでしょうか？

データを代表する値を探すとき

このグループの位置は？　　このグループの中心は？

のように，少し表現を換えてみましょう．

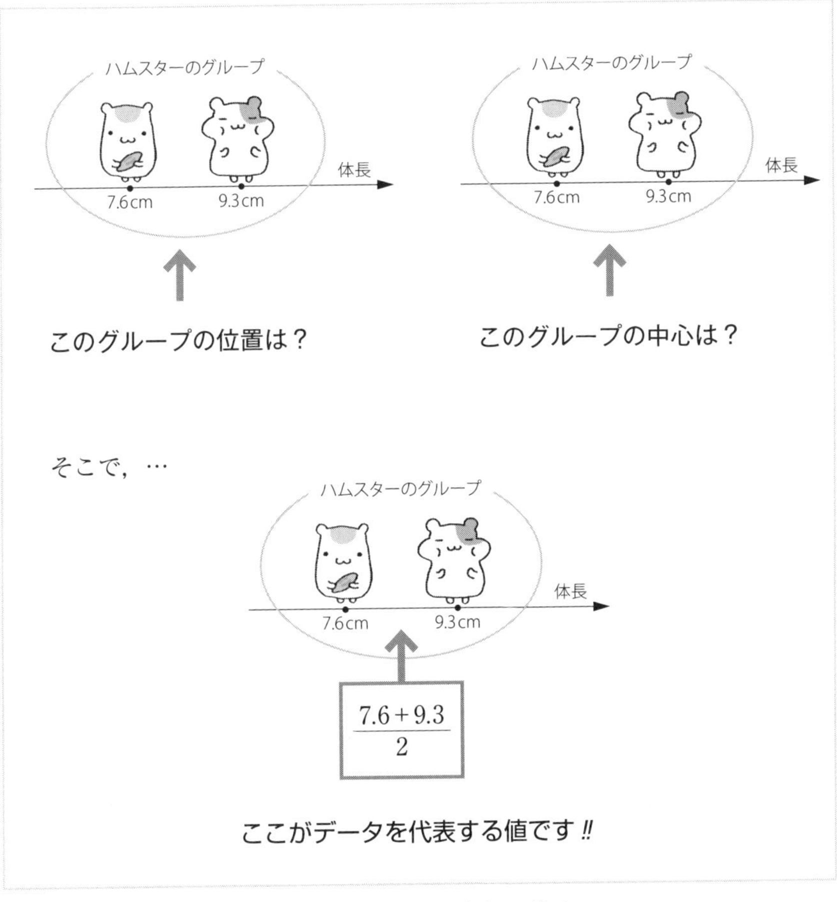

図 2.1.2　位置＝中心＝代表

Section 2.2 平均値の定義をしましょう

次のデータは８匹のハムスターの体長です．

$$\begin{pmatrix} 7.6\ \text{cm} & 8.2\ \text{cm} & 9.6\ \text{cm} & 7.1\ \text{cm} \\ 10.3\ \text{cm} & 8.5\ \text{cm} & 9.3\ \text{cm} & 10.6\ \text{cm} \end{pmatrix}$$

この８匹のハムスターの代表値は？

８匹のハムスターの代表値を

グループの位置 や **グループの中心**

のように考えれば

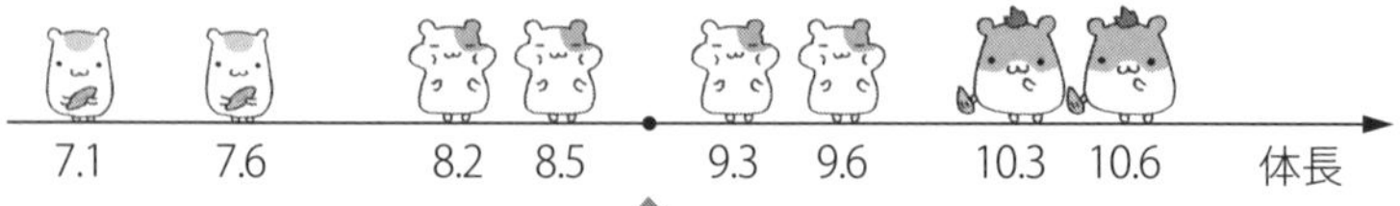

$$\frac{7.6+8.2+9.6+7.1+10.3+8.5+9.3+10.6}{8}$$

図 2.2.1 ここがデータを代表する値です !!

となるので，８匹のハムスターの代表値は

$$\textbf{代表値} = \frac{71.2}{8} = 8.9\ \text{cm}$$

となります．

そこで，この代表値のことを

平均値　または　**平均**

と呼ぶことにしましょう．

平均値の定義

N 個のデータ

$$\{\ x_1\quad x_2\quad \cdots\quad x_i\quad \cdots\quad x_N\ \}$$

に対して

$$\bar{x} = \frac{x_1 + x_2 + \cdots + x_i + \cdots + x_N}{N}$$

を　**平均値**　または　**平均**　といいます．

$\sum$（シグマ）の記号を使えば，平均値 $\bar{x}$ は

$$\bar{x} = \frac{\sum_{i=1}^{N} x_i}{N}$$

となります．

ところで，この N 個のデータは

互いに関係なく，ランダムに集められています．

このようなとき，N のことを

自由度

と呼ぶことがあります．

したがって，平均値は

データの合計を**自由度 *N*** で割ったもの

と考えることができます．

Section 2.3　中央値もデータを代表する値です

次のデータは，9 匹のハムスターの体重です．

48 g	57 g	58 g	44 g	56 g
36 g	60 g	61 g	570 g	

この 9 個のデータを代表する値は？

データを代表する値ですから，平均値を計算しましょう．

$$\frac{48+57+58+44+56+36+60+61+\mathbf{570}}{9} = 110\ \mathrm{g}$$

でも，この平均体重はハムスターとしてはちょっとヘンですね⁇

その原因は 9 番目のデータにあるようです．
9 番目の体重 **570** g が，平均体重に影響を与えています．

このように，データの中に

極端に大きい値

や，逆に

極端に小さい値

が含まれているときには，
平均値はその極端な値の影響を受けてしまいます．

このようなときは **中央値** を利用しましょう．

中央値の定義

N 個のデータ

$$\{\ x_1 \quad x_2 \quad \cdots \quad x_i \quad \cdots \quad x_N\ \}$$

を大きさの順に並べ替えたとき

$$x_{(1)} \leqq x_{(2)} \leqq \cdots \leqq x_{(i)} \leqq \cdots \leqq x_{(N)}$$

まん中の値を **中央値** といいます.

- N が奇数のときは

$$\text{中央値} = \frac{N+1}{2}\ \text{番目の値}$$

- N が偶数のときは

$$\text{中央値} = \frac{\frac{N}{2} = \text{番目の値} + \left(\frac{N}{2}+1\right)\text{番目の値}}{2}$$

そこで, …

9 匹のハムスターの体重を大きさの順に並べ替えると……

$$36 \leqq 44 \leqq 48 \leqq 56 \leqq 57 \leqq 58 \leqq 60 \leqq 61 \leqq 570$$

36	44	48	56	57	58	60	61	570
$x_{(1)}$	$x_{(2)}$	$x_{(3)}$	$x_{(4)}$	$x_{(5)}$	$x_{(6)}$	$x_{(7)}$	$x_{(8)}$	$x_{(9)}$

したがって,

$$\text{中央値} = \frac{9+1}{2}\ \text{番目の値} = 57\,\text{g}$$

となりました.

Section 2.4 最頻値もデータを代表する値です

次のデータは，10 日間，公園の池にカワセミの現れた回数です．

2回	0回	4回	4回	1回
6回	4回	3回	4回	4回

このデータを代表する値は？

このデータの平均値を計算してみると，

$$\frac{2+0+4+4+1+6+4+3+4+4}{10}$$

$= 3.2$ 回

になります．

でもよく考えてみると，このデータの場合は

カワセミの現れた回数

に注目しているので，

最もたびたび現れた回数

を，データの代表値と考えた方がよさそうです．

0回　1回　2回　3回　4回　4回　4回　4回　4回　6回

4回現れた日が最も多いのだから……

このようなときは，**最頻値**を利用しましょう．

最頻値の定義

N 個のデータ

$$\{\ x_1\quad x_2\quad \cdots\quad x_i\quad \cdots\quad x_N\ \}$$

に対して，最もたびたび現れるデータを **最頻値**（さいひんち） といいます．

統計処理では，平均値，**中央値，最頻値**を調べておけば，
データの特徴を，ほぼ正確につかむことができます．

ところで，データの数が少ないときには最頻値は有効ではありません．

次の図のようにデータが 100 個ぐらいあると
最頻値の意味もハッキリとしてきます．

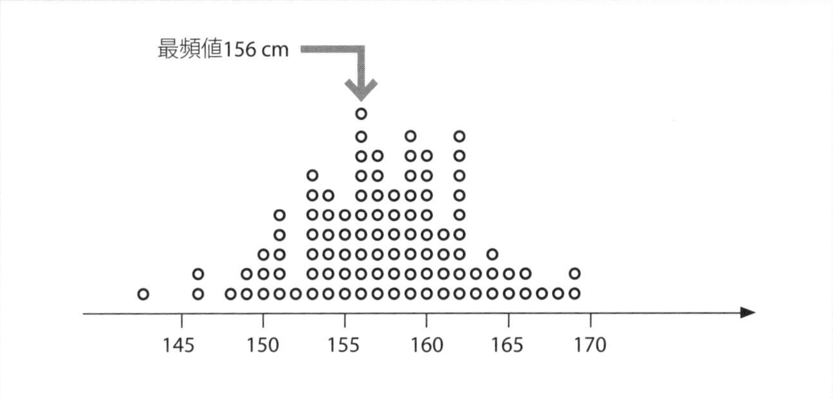

図 2.4.1　100 人の学生の身長

Section 2.5 他にも，いろいろな平均があります

調和平均：速度で考えているとき

問

東京・大阪を往復するのに

行きは　時速　110 km
帰りは　時速　 90 km

でした．このとき，往復の時速は何 km ですか？

答

『往復の時速は，
行きの時速 110km と帰りの時速 90km の平均値
をとればいいと思います．
だから……

$$往復の時速 = \frac{110+90}{2} = 100\ \mathrm{km/時}$$

が求める答えです』

ちょっとまって！　この答えでいいのでしょうか？

これは
「時速の平均値」ですね
でも知りたいのは
「平均時速」です
$\frac{2}{\frac{1}{110}+\frac{1}{90}}$
が調和平均です

東京・大阪間は約 500 km なので

$$行きにかかった時間 = \frac{500}{110} 時間$$

$$帰りにかかった時間 = \frac{500}{90} 時間$$

となります．ということは

$$往復\ 500\,\mathrm{km} \times 2\ で，\ \frac{500}{110} + \frac{500}{90} 時間かかった$$

のだから

$$往復の時速 = \frac{500 \times 2}{\dfrac{500}{110} + \dfrac{500}{90}} = \frac{2}{\dfrac{1}{110} + \dfrac{1}{90}}\ \mathrm{km/時} = 99\ \mathrm{km/時}$$

となります．

このように速度をとり扱っているときは，
調和平均を利用しましょう！

調和平均の定義

N 個のデータ $\{ x_1 \quad x_2 \quad \cdots \quad x_i \quad \cdots \quad x_N \}$ に対して

$$H = \frac{N}{\dfrac{1}{x_1} + \dfrac{1}{x_2} + \cdots + \dfrac{1}{x_i} + \cdots + \dfrac{1}{x_N}}$$

を，**調和平均**といいます．

幾何平均：率で考えるとき

問

次のデータは，株価の収益率です．

1年目	2年目	3年目
+20%	−30%	+10%

このとき，1年間の平均収益率は？

答

『なんといったって，平均値なのだから

$$\frac{20+(-30)+10}{3}=0\%$$

つまり，まったく変化なしですね』

これは
「収益率の平均」ですね
でも
「平均収益率」は？

ちょっとまって！　この答えで，いいのでしょうか？

たとえば株価を1000円としてみると……

$$1\text{年目は}\quad 1000\text{円}\times\left(1+\frac{20}{100}\right)=1200\text{円}$$

$$2\text{年目は}\quad 1200\text{円}\times\left(1-\frac{30}{100}\right)=840\text{円}$$

$$3\text{年目は}\quad 840\text{円}\times\left(1+\frac{10}{100}\right)=924\text{円}$$

1000円が924円になったのだから，変化しているようです．

そこで，次のように考えてみましょう．

$\sqrt[3]{1.2\times0.7\times1.1}=0.974$
これが幾何平均ですよ！

1年間の平均収益率を r%とすれば

$$\text{始め}\quad 1000\,\text{円}$$

$$1\text{年目}\quad 1000\,\text{円}\times\left(1+\frac{r}{100}\right)$$

$$2\text{年目}\quad 1000\,\text{円}\times\left(1+\frac{r}{100}\right)\times\left(1+\frac{r}{100}\right)$$

$$3\text{年目}\quad 1000\,\text{円}\times\left(1+\frac{r}{100}\right)\times\left(1+\frac{r}{100}\right)\times\left(1+\frac{r}{100}\right)$$

したがって，1000円が924円になったのだから

$$1000\,\text{円}\times\left(1+\frac{r}{100}\right)\times\left(1+\frac{r}{100}\right)\times\left(1+\frac{r}{100}\right)=924\,\text{円}$$

となります.

この式を解くと，1年間の平均収益率は

$$\begin{aligned} r &= 100\times(0.924)^{\frac{1}{3}}-100 \\ &= 100\times 0.974-100 \\ &= -2.6\% \end{aligned}$$

となります.

収益率のようなデータの場合
そのまま平均値を
計算してしまうと
ヘンな結果になります

このように率をとり扱っているときは，**幾何平均**を利用しましょう！

相加相乗平均
$\frac{x+y+z}{3} \geqq \sqrt[3]{xyz}$

トリム平均：カットするとき

問 次のデータは，10 人の学生の財布の中身の金額です．

2500 円	1800 円	3800 円	0 円	12000 円
5600 円	400000 円	3200 円	7500 円	9000 円

学生はいつもどのくらいお金を持っていると考えたらいいのでしょうか？

答 『つまり，これは平均金額なのだから

お財布の中身の平均値

$$= \frac{2500+1800+3800+0+12000+5600+400000+3200+7500+9000}{10}$$

$$= 44540 \text{ 円}$$

でいいのでは？』

ちょっとまって！　この答えでいいのでしょうか？
データを大きさの順に並べてみると…

0 円 ≦ 1800 円 ≦ 2500 円
≦ 3200 円 ≦ 3800 円
≦ 5600 円 ≦ 7500 円
≦ 9000 円 ≦ 12000 円 ≦ 400000 円

0 円！
お財布を忘れたの？
400000 円？
きっとパソコンを
買いに行くんだね

そこで，0 円と 400000 円は極端な値なので，
次のように取り除いておきましょう．

$$\underbrace{1800 \leqq 2500 \leqq 3200 \leqq 3800 \leqq 5600 \leqq 7500 \leqq 9000 \leqq 12000}_{10-2\text{人}}$$

したがって，学生の財布の平均金額は

$$= \frac{1800+2500+3200+3800+5600+7500+9000+12000}{10-2}$$

$$= 5675 \text{ 円}$$

となります．

この平均値は妥当な値ですね．

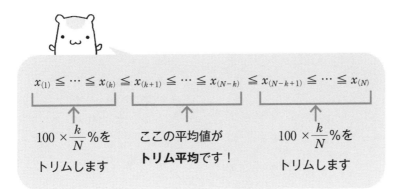

$$\underbrace{x_{(1)} \leqq \cdots \leqq x_{(k)}}_{} \leqq \underbrace{x_{(k+1)} \leqq \cdots \leqq x_{(N-k)}}_{} \leqq \underbrace{x_{(N-k+1)} \leqq \cdots \leqq x_{(N)}}_{}$$

↑ $100 \times \dfrac{k}{N}$ %をトリムします

↑ ここの平均値が**トリム平均**です！

↑ $100 \times \dfrac{k}{N}$ %をトリムします

chapter 3

分散をわかってナットク！

統計学で，2番目に登場する用語，それは

分 〜〜〜〜〜〜〜〜〜〜 散

です．

分散は

データのバラツキを表す値

とか

データの散らばりの程度

と考えられています．

分散って
わからないです〜
でも…
データの情報量は
平均値より
分散の方が多くもっている
のです！

次のグループＡとグループＢとでは，どっちのグループのほうがバラついているように見えるでしょうか？

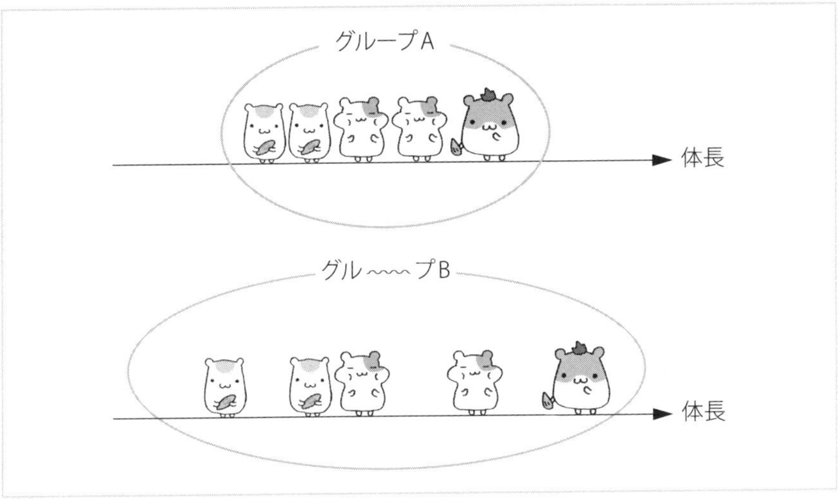

図 3.0.1　ハムスターの 2 つのグループ

もちろん，グループＢのほうがバラついているように見えます．
では，その理由は？

それは……

“グループ B のほうがお互いに離れている”

からです．
ということは，バラツキとは

長さ　や　**距離**

に関係した概念ですね．

Section 3.1 データのバラツキって？

データのバラツキは

長さ や **距離**

に関連した数値です．

長さや距離について考えようとするとき，出発点は

2点 間 の 距離

になります．

直線上のはなし

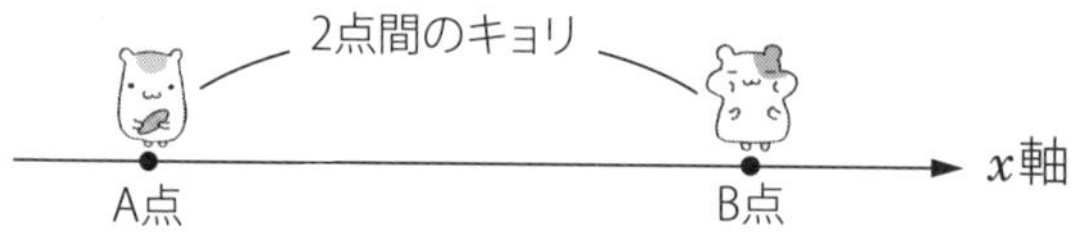

図 3.1.1

平面上のはなし

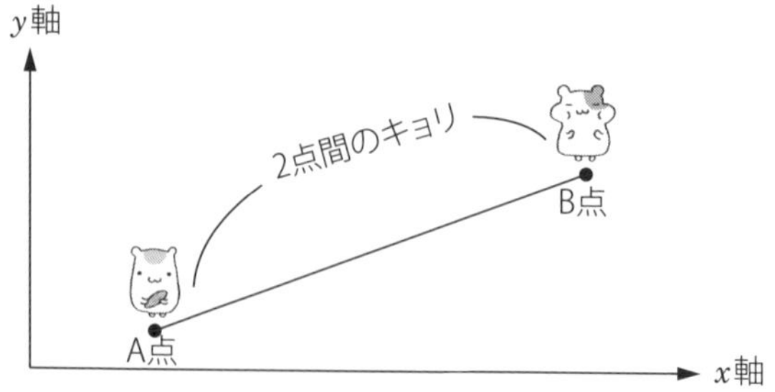

図 3.1.2

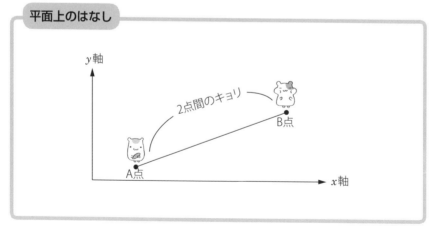

直線上の 2 点間の距離の表現は 3 通りあります！

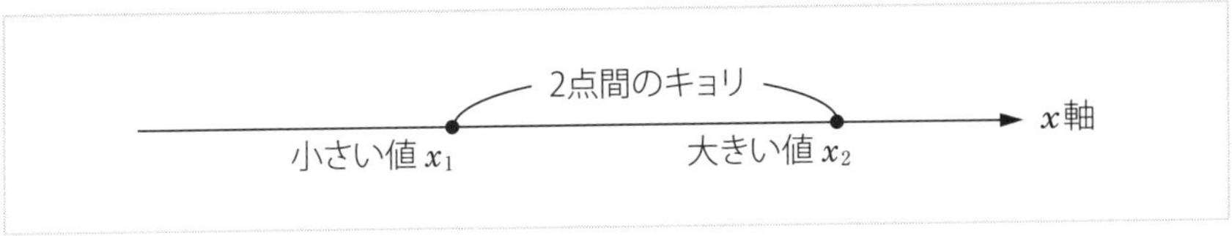
2点間のキョリ
x軸
小さい値 x_1
大きい値 x_2

図 3.1.3

表現方法―その❶―

2 点間の距離は，大きい値 x_2 から小さい値 x_1 を引いて

2 点間の距離 $= x_2 - x_1$

とします．

表現方法―その❷―

距離は負の値をとらないので，**絶対値**の記号を使えば

2 点間の距離 $= |x_1 - x_2|$

となります．

表現方法―その❸―

でも，絶対値を使いたくないのであれば

2 乗する

という方法があります．

2 点間の距離の 2 乗 $= (x_1 - x_2)^2$

2 乗すると
いつでも
プラスになるので
「この値は
正の値？ 負の値？」
といったわずらわしさが
なくなります

Section 3.2 データのバラツキの測り方？

２点間のキョリを計算すると
データのバラツキを測ることができる
のでしょうか？

データが２個の場合

次の図を見てみましょう．

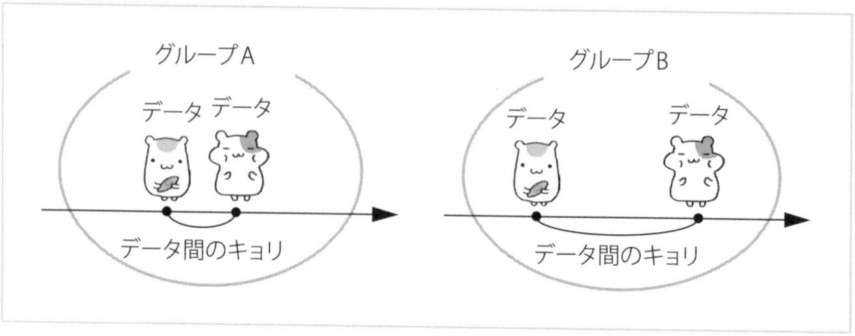

図 3.2.1

たしかに

データ間のキョリ＝データのバラツキの大きさ

のように見えますね！

データが3個の場合は？

次の図を見てみましょう．

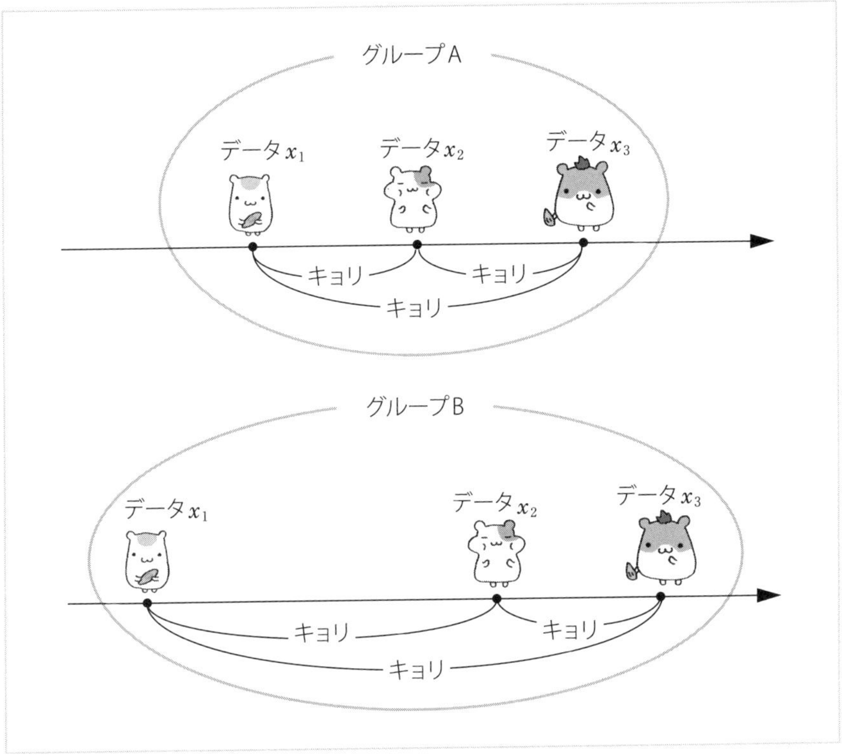

図 3.2.2　いろいろなデータ間のキョリ

データが3個の場合も

“データ間のキョリを測定すれば，
データのバラツキがわかる”

のでしょうか？

3個のデータ $\{x_1\ x_2\ x_3\}$ の場合には……

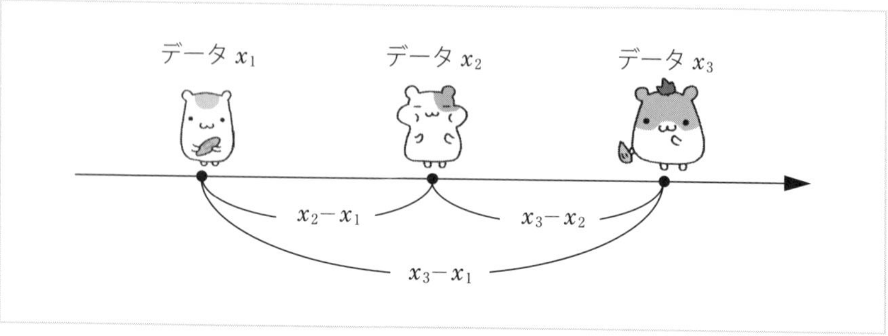

図 3.2.3　3つのキョリ

それぞれの2個のデータ間のキョリの合計は

$$(x_2-x_1)+(x_3-x_2)+(x_3-x_1)$$

となります．でも……

この3つのキョリの合計は

$$(x_2-x_1)+(x_3-x_2)+(x_3-x_1)$$

$$=x_2-x_1+x_3-x_2+x_3-x_1$$

$$=2\times x_3-2\times x_1$$

となって，

データ x_2 の情報が残っていません!!

ということは

"データ間のキョリを合計して，

データのバラツキを調べる"

という考え方は失敗ですね．

そこで

“グループの**何か**”

を基準にとり

“その基準を中心にして

データのバラツキを考える”

ことにしましょう．

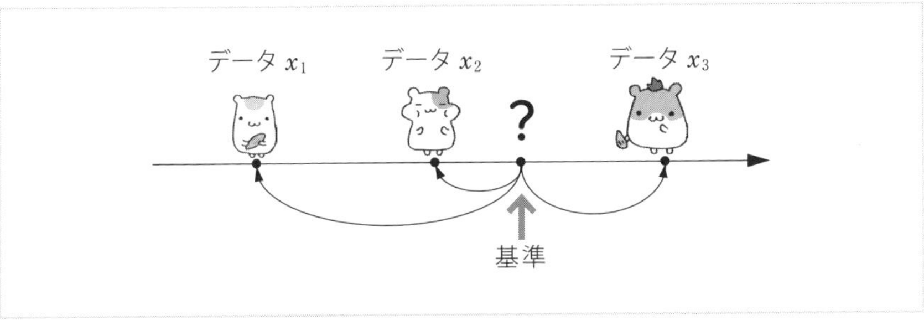

図 3.2.4　グループの基準は？

基準とくれば，それは

グループを代表する値

がいいですね！

そこで

平均値 $\bar{x}$

を基準にとりましょう．

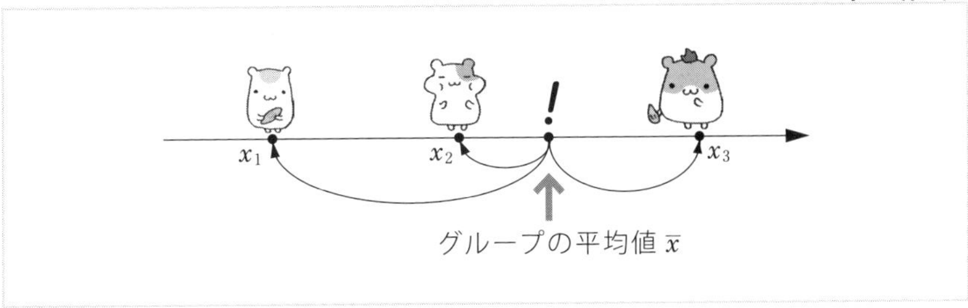

図 3.2.5　基準＝平均値

したがって，データ x_i と平均値 $\bar{x}$ との距離は

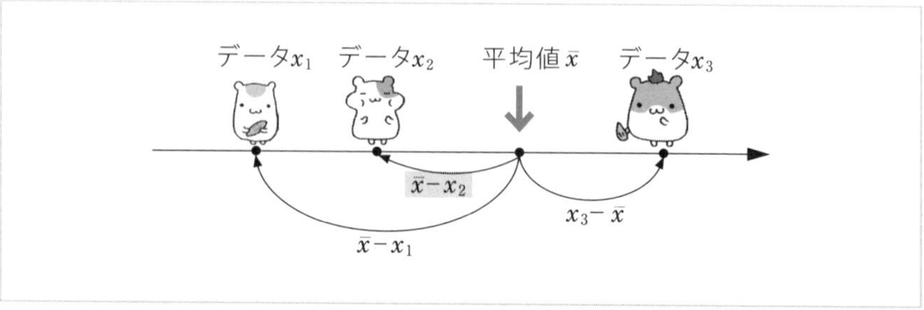

図 3.2.6　データと平均値

となるので，データと平均値 $\bar{x}$ との距離の合計は

$$(\bar{x}-x_1)+(\bar{x}-x_2)+(x_3-\bar{x})$$

となります．

でも，平均値 $\bar{x}$ の位置が次のような場合もありますね！

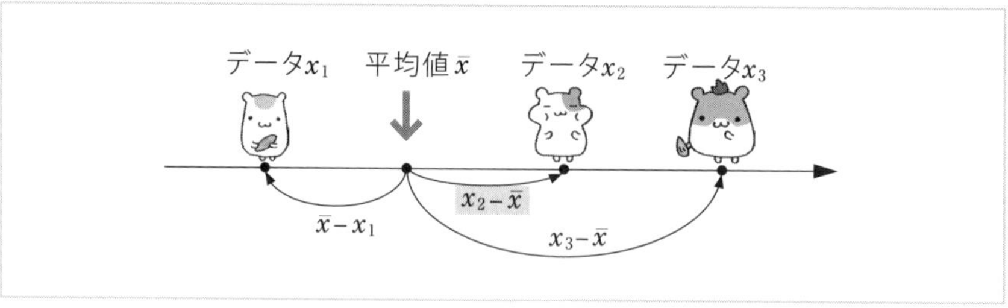

図 3.2.7　データと平均値

そこで，次のように場合分けをしてみては？

$x_2 < \bar{x}$ **のとき**

データと平均値との距離の合計

$= (\bar{x} - x_1) + (\bar{x} - x_2) + (x_3 - \bar{x})$

$\bar{x} < x_2$ **のとき**

データと平均値との距離の合計

$= (\bar{x} - x_1) + (x_2 - \bar{x}) + (x_3 - \bar{x})$

でも，このような場合分けは，とても大変!!

それでは，絶対値の記号を利用してみましょう．

データと平均値との差の絶対値に注目して

$$\frac{|x_1 - \bar{x}| + |x_2 - \bar{x}| + |x_3 - \bar{x}|}{3}$$

をデータのバラツキと考えることにしては？

この値を**平均偏差**といいます．

平均偏差の定義

N 個のデータ

$$\{\ x_1 \quad x_2 \quad \cdots \quad x_i \quad \cdots \quad x_N\ \}$$

に対して

$$\frac{|\,x_1-\bar{x}\,|+|\,x_2-\bar{x}\,|+\cdots+|\,x_i-\bar{x}\,|+\cdots+|\,x_N-\bar{x}\,|}{N}$$

を，**平均偏差**といいます．

Σの記号を使うと

$$\frac{\sum_{i=1}^{N}|\,x_i-\bar{x}\,|}{N}$$

となります．

$x_i - \bar{x}$ を偏差
$|\,x_i - \bar{x}\,|$ を絶対偏差
といいます
$\frac{|x_1 - \bar{x}| + \cdots + |x_N - \bar{x}|}{N}$
を平均絶対偏差ともいいます

No.	体長	偏差	絶対偏差	2乗	データの変動
1	7.6	-1.3	1.3	57.76	1.69
2	8.2	-0.7	0.7	67.24	0.49
3	9.6	0.7	0.7	92.16	0.49
4	7.1	-1.8	1.8	50.41	3.24
5	10.3	1.4	1.4	106.09	1.96
6	8.5	-0.4	0.4	72.25	0.16
7	9.3	0.4	0.4	86.49	0.16
8	10.6	1.7	1.7	112.36	2.89
合計	71.2	0	8.4	644.76	11.08

平均偏差　1.050　　標準偏差　1.177
　　　　　　　　　　標本標準偏差　1.258

ところで，統計処理の場合，

データのバラツキを測る手段

として，絶対値よりも

2 点間の距離の 2 乗 $= (x_i - \overline{x})^2$

の方が，より一般的です．

したがって，N 個のデータ

$$\{ \; x_1 \quad x_2 \quad \cdots \quad x_i \quad \cdots \quad x_N \; \}$$

に対して

$$(x_1 - \overline{x})^2 + (x_2 - \overline{x})^2 + \cdots + (x_i - \overline{x})^2 + \cdots + (x_N - \overline{x})^2$$

という統計量が考えられます．

この統計量が

データの分散の素

となります．

データから計算された値を
統計量といいます
平均偏差や分散も
統計量の 1 つです

Section 3.3 データの変動――これは大切です

データと平均値との距離を測るとき
次の２つの考え方があります.

絶対値の和

$$|x_1-\bar{x}| + |x_2-\bar{x}| + \cdots + |x_N-\bar{x}|$$

２乗の和

$$(x_1-\bar{x})^2 + (x_2-\bar{x})^2 + \cdots + (x_N-\bar{x})^2$$

ここでは，**２乗の和**の考え方に注目しましょう！
この２乗の和から，統計学で最も大切な

データの変動

という概念が登場します.

微分や積分のときも
$|x|$ より x^2 のほうが
簡単です

データの変動の定義

N 個のデータと平均値との差の 2 乗の和

$$(x_1-\overline{x})^2+(x_2-\overline{x})^2+\cdots+(x_N-\overline{x})^2$$

を**データの変動**といいます.

Σの記号を使うと

$$\sum_{i=1}^{N}(x_i-\overline{x})^2$$

になります.

ところで，このデータの変動の式は

$$\sum_{i=1}^{N}(x_i-\overline{x})^2=\frac{N\times\left(\sum_{i=1}^{N}x_i^{\,2}\right)-\left(\sum_{i=1}^{N}x_i\right)^2}{N}$$

のように変形することができます.

1 個当たりのデータの変動

N 個のデータの変動は

$$(x_1-\overline{x})^2+(x_2-\overline{x})^2+\cdots+(x_N-\overline{x})^2$$

なので　**1 個当たりのデータの変動**　は

$$\frac{(x_1-\overline{x})^2+(x_2-\overline{x})^2+\cdots+(x_N-\overline{x})^2}{N}$$

となります.

$(A-B)^2$
$=A^2+B^2-2\times A\times B$
$(x_i-\bar{x})^2$
$=x_i^{\,2}+\bar{x}^2-2\times x_i\times\bar{x}$

Section 3.4 分散の定義をしましょう

データのバラツキを調べる方法には，次の２通りがあります．

絶対値の和によるデータのバラツキ

$$|x_1-\bar{x}|+|x_2-\bar{x}|+\cdots+|x_N-\bar{x}|$$

↓

$$\frac{|x_1-\bar{x}|+|x_2-\bar{x}|+\cdots+|x_N-\bar{x}|}{N}$$

→ **平均偏差**

２乗の和によるデータのバラツキ

$$(x_1-\bar{x})^2+(x_2-\bar{x})^2+\cdots+(x_N-\bar{x})^2$$

↓

$$\frac{(x_1-\bar{x})^2+(x_2-\bar{x})^2+\cdots+(x_N-\bar{x})^2}{N}$$

→ **１個当たりのデータの変動**

そこで，分散の定義は……．

分散の定義

N 個のデータ

$$\{\ x_1\quad x_2\quad \cdots\quad x_N\ \}$$

に対して，

$$S^2=\frac{(x_1-\bar{x})^2+(x_2-\bar{x})^2+\cdots+(x_N-\bar{x})^2}{N}$$

を**分散**といいます．

分散の計算練習

次のデータは 8 匹のハムスターの体長です.

$$\begin{pmatrix} 7.6\text{ cm} & 8.2\text{ cm} & 9.6\text{ cm} & 7.1\text{ cm} \\ 10.3\text{ cm} & 8.5\text{ cm} & 9.3\text{ cm} & 10.6\text{ cm} \end{pmatrix}$$

このデータの分散 S^2 を計算しましょう.

このとき，ハムスターの平均体長 $\bar{x}$ は

$$平均値\ \bar{x} = \frac{7.6+8.2+9.6+\cdots+10.6}{8}$$

$$= 8.9$$

です.

分散 S^2 は

$$S^2 = \frac{(7.6-8.9)^2+(8.2-8.9)^2+\cdots+(10.6-8.9)^2}{8}$$

$$= \frac{11.08}{8}$$

$$= 1.385$$

となります.

$$分散\ S^2 = \frac{N \times \left(\sum_{i=1}^{N} {x_i}^2\right) - \left(\sum_{i=1}^{N} x_i\right)^2}{N \times N}$$

Excel 関数　VAR.P…母分散
　　　　　　VAR.S…標本分散

Section 3.5 標本分散——分散のもう１つの定義

分散には，もう１つの定義があります．

それは……

標本分散の定義

N 個のデータ

$$\{\ x_1 \quad x_2 \quad \cdots \quad x_N\ \}$$

に対して，

$$s^2 = \frac{(x_1-\bar{x})^2+(x_2-\bar{x})^2+\cdots+(x_N-\bar{x})^2}{N-1}$$

を，**標本分散**といいます．

標本分散 s^2 と分散 S^2 はどこが違うのでしょうか？

それは分母ですね！

推測統計

標本分散 $s^2 = \dfrac{\text{データの変動}}{N-1}$

記述統計

分散　　$S^2 = \dfrac{\text{データの変動}}{N}$

統計処理で使われる
分散は
標本分散のほうです
したがって
統計ソフトで分散といえば
標本分散 を意味します

分母が $\boldsymbol{N-1}$ となる理由の1つに **自由度** があります.

自由度とは,**自由**に動ける程**度**のことで,

N 個のデータ $\{\ x_1 \quad x_2 \quad \cdots \quad x_N\ \}$ の自由度は N です.

ところが,N 個のデータと平均値との差

データはランダムに
集めてきていますが…

$$(x_1-\bar{x}) \quad (x_2-\bar{x}) \quad \cdots \quad (x_N-\bar{x})$$

は確かに N 個あるのですが,この N 個の**偏差**の間には,
次の関係式が1個存在しています.

$$\begin{aligned}
&(x_1-\bar{x})+(x_2-\bar{x})+\cdots+(x_N-\bar{x}) \\
&= x_1+x_2+\cdots+x_N-N\times\bar{x} \\
&= x_1+x_2+\cdots+x_N-N\times\frac{x_1+x_2+\cdots+x_N}{N} \\
&= 0
\end{aligned}$$

したがって,N 個の偏差の自由度は

自由度 $= N-1$

となります.

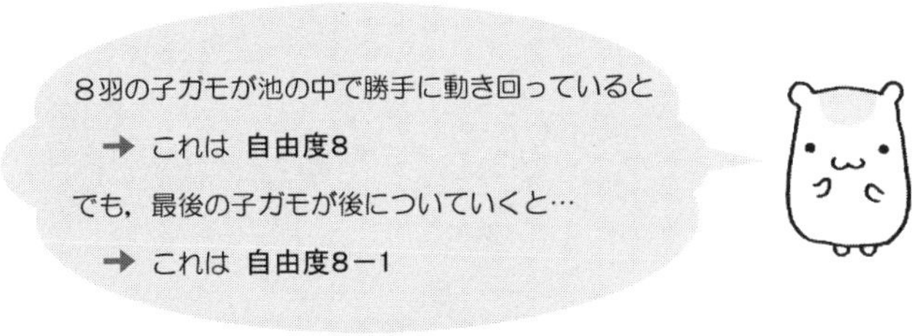
8羽の子ガモが池の中で勝手に動き回っていると
➜ これは 自由度8
でも,最後の子ガモが後についていくと…
➜ これは 自由度8−1

統計には，大きく分けて

記述統計 と **推測統計**

の２通りがあります．

この２種類の統計は，研究目的によって，
次のように区別されています．

●記述統計とは？

たとえば，８匹のハムスターの体長のデータがあったとします．

(7.6 cm　8.2 cm　9.6 cm　7.1 cm
10.3 cm　8.5 cm　9.3 cm　10.6 cm)

この８匹のハムスターについて**だけ**研究したい場合，
この 8 個のデータが研究のすべての世界 となります．

このような状況のもとでの統計処理を 記述統計 といいます．

記述統計
分散
$S^2 = \dfrac{N \times \sum_{i=1}^{N} x_i^2 - \left(\sum_{i=1}^{N} x_i\right)^2}{N \times N}$
推測統計
標本分散
$s^2 = \dfrac{N \times \left(\sum_{i=1}^{N} x_i^2\right) - \left(\sum_{i=1}^{N} x_i\right)^2}{N \times (N-1)}$

●推測統計とは？

それに対し，研究対象がハムスター全体の場合
この 8 匹のハムスターの体長は

研究対象の中から取り出されたデータ

と考えます．

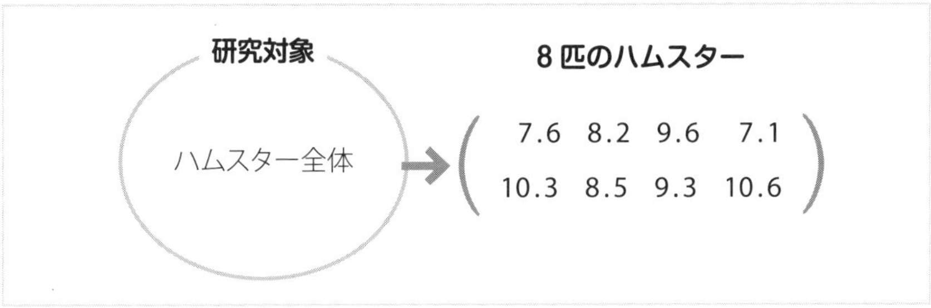

図 3.5.1　ランダムに抽出されたデータ

このような状況のもとでの統計処理を，**推測統計**といいます．
そして，このとき

ハムスター全体のことを　**母集団**
8 匹のハムスターのことを　**標本（サンプル）**

といいます．

推測統計の場合には，

母集団の平均値……**母平均** μ
母集団の分散　……**母分散** σ^2

という 2 つの未知パラメータがあります．

chapter 4

標準偏差をわかってナットク！

データは平均値を中心にして，バラツいています．

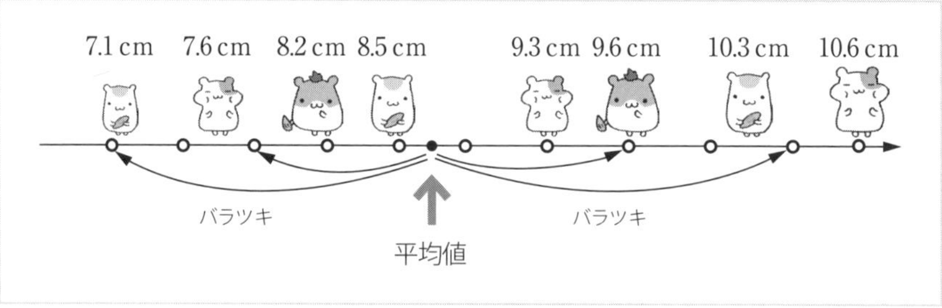

図 4.0.1　平均値が基準です

そこで，データのバラツキを利用して

データの動く範囲 を表現してみましょう．

データのバラツキを表す値として

分散 S^2　　**標本分散 s^2**

を勉強しました．

Excel 関数では

分散 S^2 ＝ VAR. P

標本分散 s^2 ＝ VAR. S

データのバラツキを，図で表現してみると

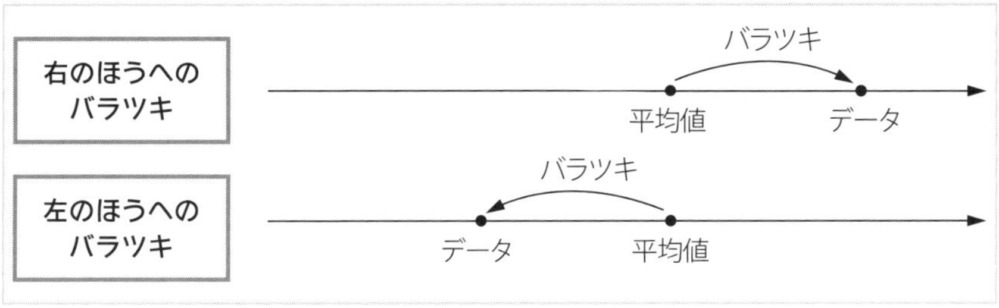

図 4.0.2

となります.

このバラツキを，分散 S^2 に置き換えてみましょう.

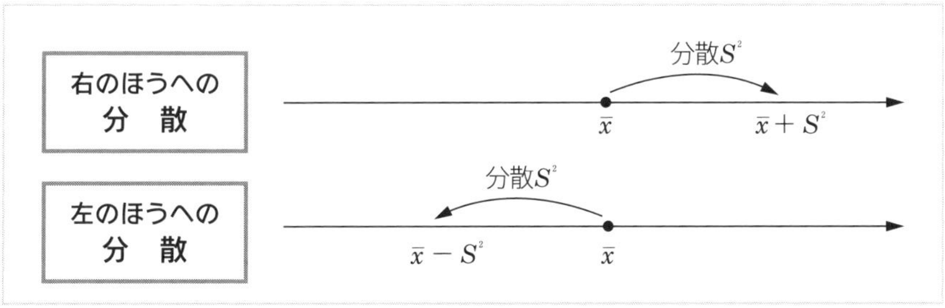

図 4.0.3

でも，これは少し“ヘン？”ですね！

というのも，ハムスターの体長の場合

$$\bar{x} = 8.9 \text{ cm} \qquad S^2 = 1.385 \text{ cm} \times \text{cm}$$

ですから

$$\bar{x} + S^2 = 8.9 \text{ cm} + 1.385 \text{ cm} \times \text{cm}$$

$$\bar{x} - S^2 = 8.9 \text{ cm} - 1.385 \text{ cm} \times \text{cm}$$

となってしまいます.

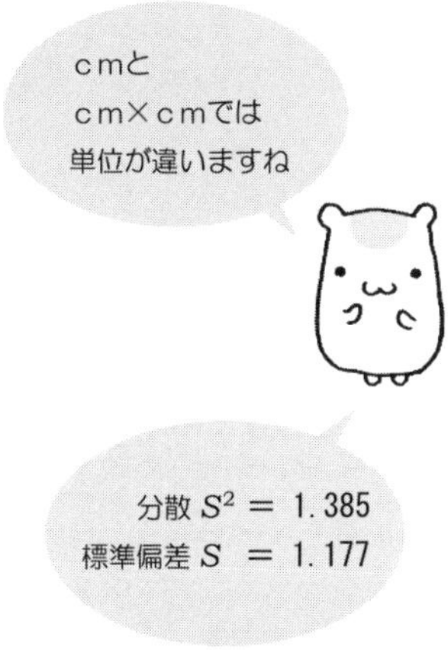

Section 4.1 標準偏差を定義しましょう

データの動く範囲を調べるとき

平均値 cm −分散 cm^2 　から　 平均値 cm ＋分散 cm^2

としたのでは，平均値と分散の単位が一致しません．

そこで，データの動く範囲を

平均値 cm $-\sqrt{分散}$ cm 　から　 平均値 cm $+\sqrt{分散}$ cm

のように，**単位をそろえる**ことにしましょう．

この平方根

$\sqrt{分散}$

のことを 標準偏差 といいます．

ところで，分散には

分散 S^2 　と　 標本分散 s^2

の 2 種類がありました．したがって，標準偏差にも

標準偏差 S 　と　 **標本標準偏差** s

の 2 つの定義があります．

Excel 関数　STDEV.P

標準偏差の定義

N 個のデータ

$$\{\ x_1 \quad x_2 \quad \cdots \quad x_N\ \}$$

に対して

$$S = \sqrt{\frac{(x_1-\overline{x})^2+(x_2-\overline{x})^2+\cdots+(x_N-\overline{x})^2}{N}}$$

を標準偏差 S といいます.

Excel 関数　STDEV.S

標本標準偏差の定義

N 個のデータ

$$\{\ x_1 \quad x_2 \quad \cdots \quad x_N\ \}$$

に対して

$$s = \sqrt{\frac{(x_1-\overline{x})^2+(x_2-\overline{x})^2+\cdots+(x_N-\overline{x})^2}{N-1}}$$

を標本標準偏差 s といいます.

Attention Please
統計処理で使われる
標準偏差は
標本標準偏差のほうです
したがって，統計ソフトで
標準偏差といえば
標本標準偏差 s のことです

Section 4.2 平均値と標準偏差の使い方！

次のデータは，8 匹のペットハムスターの体長です．

$$\begin{pmatrix} 7.6\text{ cm} & 8.2\text{ cm} & 9.6\text{ cm} & 7.1\text{ cm} \\ 10.3\text{ cm} & 8.5\text{ cm} & 9.3\text{ cm} & 10.6\text{ cm} \end{pmatrix}$$

この 8 匹のハムスターの平均体長 $\bar{x}$ は

$\bar{x} = 8.9\text{ cm}$　です．

分散 S^2 は

$S^2 = 1.385\text{ cm} \times \text{cm}$　ですから，

標準偏差 S は

$$S = \sqrt{1.385\text{ cm} \times \text{cm}} \\ = 1.18\text{ cm}$$

となります．

この平均値 $\bar{x}$ と標準偏差 S の使い方を考えてみましょう！

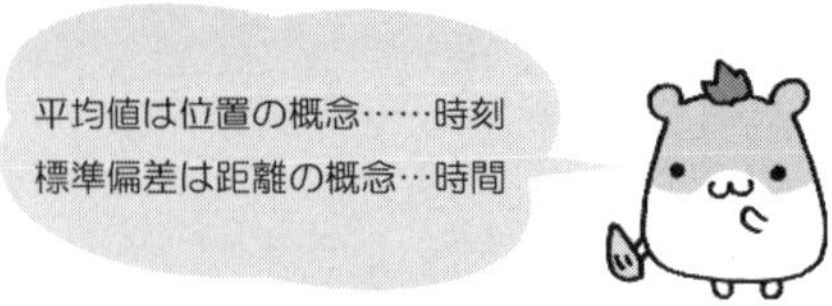
平均値は位置の概念……時刻
標準偏差は距離の概念…時間

平均値と標準偏差の関係 $[\bar{x}-S, \bar{x}+S]$

標準偏差は，平均値を基準としたときの

データのバラツキ

を表しています．

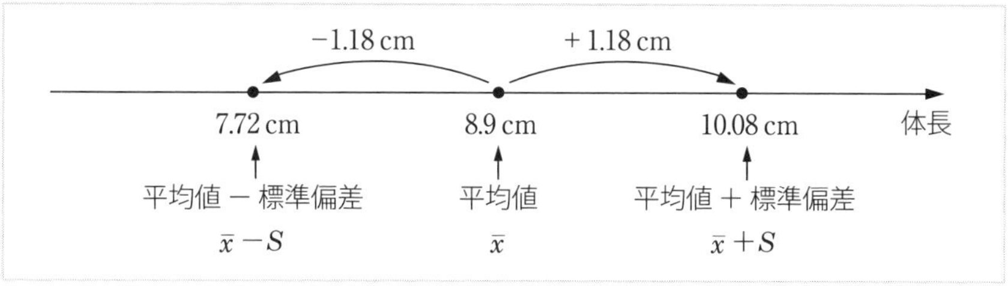

図 4.2.1　平均値±標準偏差

次のようなことを考えてみましょう．

8 匹のハムスターのうち，何匹が

$\bar{x}-S=7.72$ cm　と　$\bar{x}+S=10.08$ cm

の間に入っているのでしょうか？

データ　と　平均値±標準偏差の関係－その１

8 匹のハムスターのデータと平均値 ± 標準偏差を図示してみました.

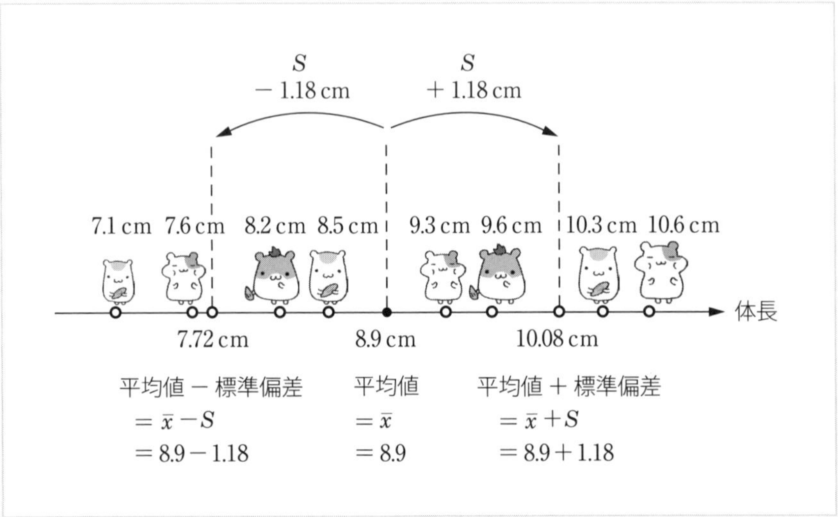

図 4.2.2

この図を見ると，8 匹のハムスターのうち，

4 匹が　$[\bar{x} - S \quad , \quad \bar{x} + S]$　の間に入っている

ことがわかります！

データ と 平均値±標準偏差の関係－その２

データの数をもっと多くしてみましょう.

次のデータは，100 人の学生の身長です.

表 4.2.1　100 人の学生の身長

151	154	160	160	163	156	159	156	154	160
154	162	156	162	157	162	162	169	150	162
154	152	161	160	160	153	155	163	160	159
164	158	150	155	157	161	168	162	153	154
158	151	155	155	165	165	154	148	169	158
146	166	161	143	156	156	149	162	159	164
162	167	159	153	146	156	160	158	151	157
151	156	166	159	157	156	159	156	156	161
151	162	153	157	153	159	157	158	159	159
159	153	153	164	157	157	155	149	160	150

このデータの平均値と標準偏差は

$$\bar{x} = 157.4\ \mathrm{cm} \qquad S = 5.1\ \mathrm{cm}$$

です.

区間 $[\bar{x} - S, \bar{x} + S]$ の中に，データが何個入っているでしょうか？

100人の学生のヒストグラム

このデータのヒストグラムを描いてみると……

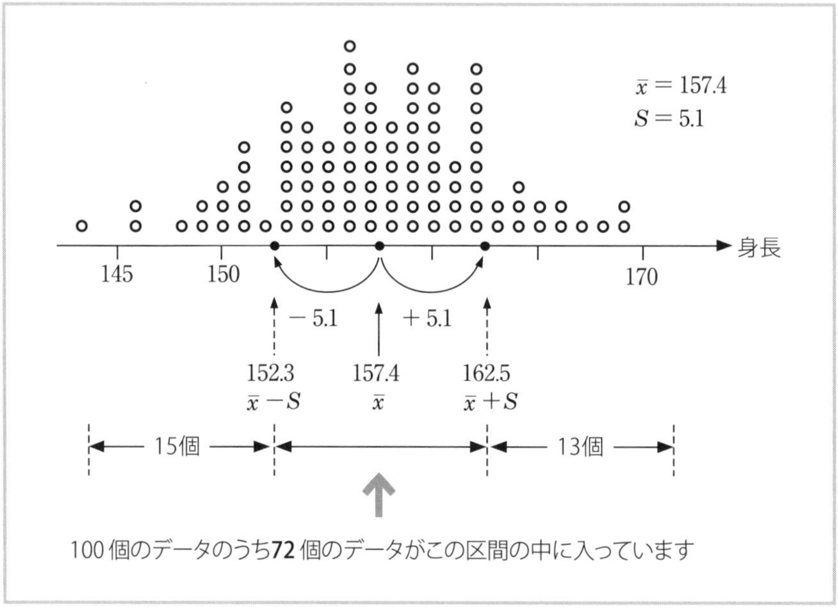

図 4.2.3　区間 $[\bar{x} - S, \bar{x} + S]$

データ と 平均値±2×標準偏差の関係

それでは，標準偏差を 2 倍にすると，どうなるでしょうか？

100 人の学生の身長のデータのうち

$$区間 \quad [\bar{x} - 2 \times S, \bar{x} + 2 \times S]$$

の間に，何個のデータが入っているのでしょうか？

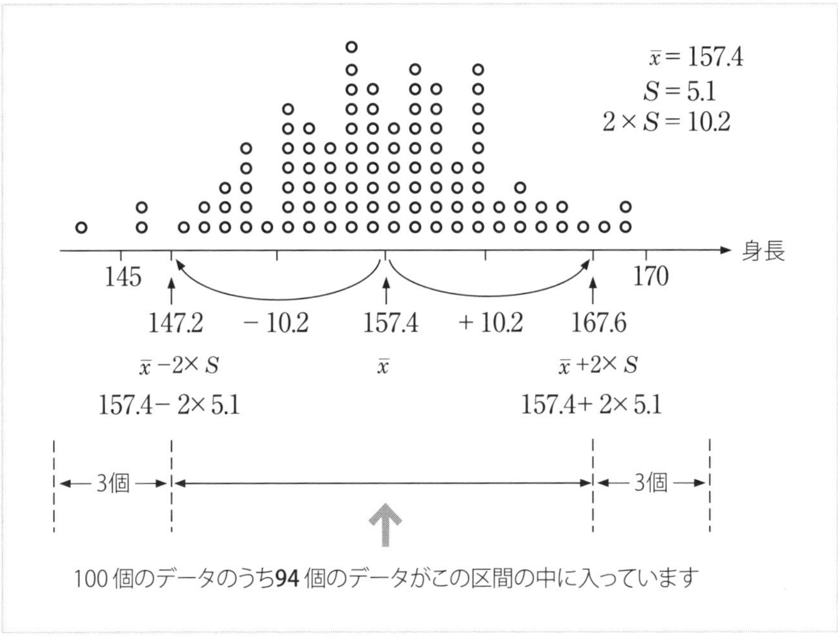

図 4.2.4　区間 $[\bar{x} - 2 \times S, \bar{x} + 2 \times S]$

$[\bar{x} - 2 \times S, \bar{x} + 2 \times S]$ の中に 94%のデータが入っています
この考え方が区間推定の素です！

標準正規分布の場合

平均が 0，標準偏差が 1 の標準正規分布の場合

平均 − 標準偏差 ＝ 0 − 1 ＝ −1

平均 ＋ 標準偏差 ＝ 0 ＋ 1 ＝ ＋1

の間に入る確率は，次のようになります．

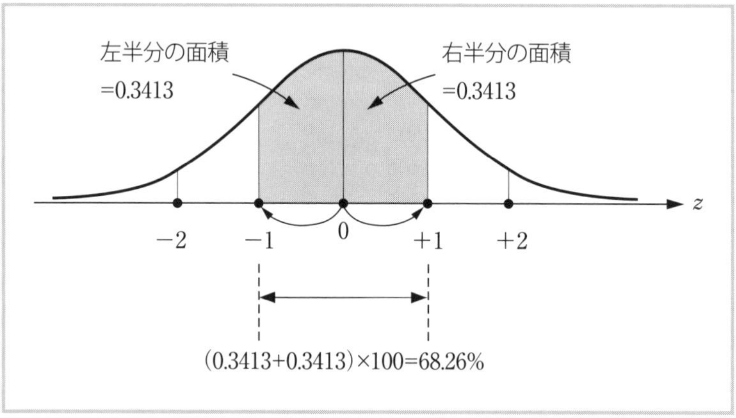

図 4.2.5　区間の［0 − 1，0 ＋ 1］の確率

標準正規分布の数表

	0.00	0.01	0.02
0.0	⋮	⋮	⋮
⋮	⋮	⋮	⋮
1.0	0.34134	⋮	⋮
⋮	⋮	⋮	⋮

正規分布の場合

データの個数とデータの区間の関係は

次のようになります

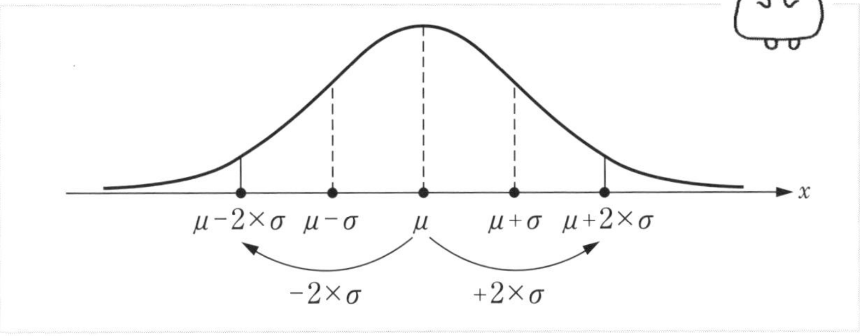

図 4.2.6　平均μ，標準偏差σの正規分布のグラフ

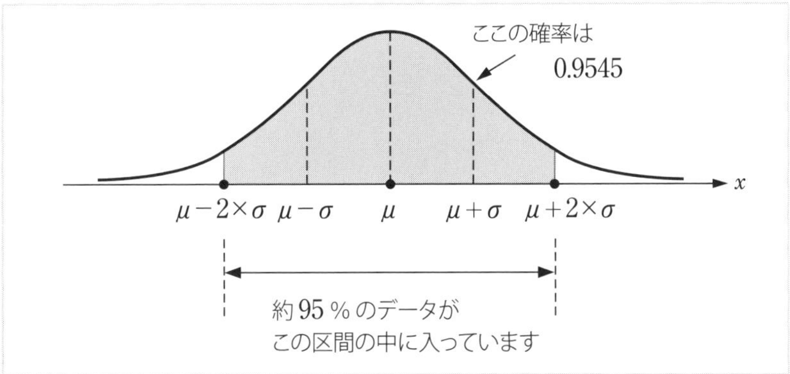

図 4.2.7　区間［$\mu - 2\times\sigma,\ \mu + 2\times\sigma$］の確率

Section 4.3 データの標準化をしましょう！

次のデータは８匹のハムスターの体長です.

7.6 cm	8.2 cm	9.6 cm	7.1 cm
10.3 cm	8.5 cm	9.3 cm	10.6 cm

このデータを標準化してみましょう.

データの標準化とは，次の変換のことです.

$$\boxed{\text{データ}} \rightarrow \frac{\boxed{\text{データ}} - \boxed{\text{平均値}}}{\boxed{\text{標準偏差}}}$$

このような計算は Excel を使うと便利ですね.

統計には
記述統計と推測統計
があります
記述統計の場合は
標準偏差 S　STDEV.P
で標準化を！
推測統計の場合は
標本標準偏差 s　STDEV.S
で標準化を！

Excel 関数によるデータの標準化

手順❶ 次のように，ハムスターのデータを入力して，

B1 のセルに ＝（A1 − 8.9）/1.18 と入力.

	A	B	C	D	E
1	7.6				
2	8.2				
3	9.6				
4	7.1				
5	10.3				
6	8.5				
7	9.3				
8	10.6				
9					

=(A1−8.9)/1.18

$\bar{x} = 8.9$

$S = 1.18$

手順❷ B1 を B2 から B8 までコピー・貼り付けします.

	A	B	C	D	E
1	7.6	−1.1017			
2	8.2	−0.5932			
3	9.6	0.5932			
4	7.1	−1.5254			
5	10.3	1.1864			
6	8.5	−0.3390			
7	9.3	0.3390			
8	10.6	1.4407			
9					

← 標準化されたデータたち

なぜ，標準化をするのでしょうか？　そこで

標準化されたデータの平均値

標準化されたデータの標準偏差

を Excel で求めてみましょう．

そこで，

D2 のセルに　＝AVERAGE（B1：B8）

D4 のセルに　＝STDEV.P（B1：B8）

と入力してみると…

	A	B	C	D	E
1	7.6	−1.1017			
2	8.2	−0.5932	平均値	(0)	
3	9.6	0.5932			
4	7.1	−1.5254	標準偏差	1	
5	10.3	1.1864			
6	8.5	−0.3390			
7	9.3	0.3390			
8	10.6	1.4407			
9					

有効数字の取り方で
計算結果が異なる
ことがあります

つまり，標準化すると，データは

平均値＝0　　標準偏差＝1

に変換されるというわけです．

したがって，

単位の異なるデータを同時に取り扱うとき

データの標準化は役に立ちそうですね！

データの標準化は，いろいろな統計処理で利用されています．

たとえば…

重回帰分析では……

モデル	標準化されていない係数		標準化係数	t 値	有意確率
	B	標準誤差	ベータ		
1　（定数）	−34.713	16.814		−2.064	0.078
温度	3.470	1.089	0.558	3.188	0.015
圧力	0.533	0.193	0.484	2.764	0.028

標準化されていない係数 B と標準化係数ベータを比べてみましょう．

温度と圧力の標準化されていない係数は 3.470 と 0.533 で，約 7 倍の違いになっていますが，標準化係数は 0.558 と 0.484 になっています．

このことは

“標準化されていない係数は

温度や圧力の単位の影響を受ける”

ことを示しています．

平均値が 0，標準偏差が 1 になる理由？

データの標準化

$$x \longrightarrow \frac{x - \text{平均値}}{\text{標準偏差}}$$

をすると，なぜ，平均値が 0，標準偏差が 1 になるのでしょうか？

理由❶　分子に注目しましょう

分子は x − 平均値となっています．

平均値はデータの位置を表しているので，

平均値を引くということは……

データの位置が平均値の分だけズレる？

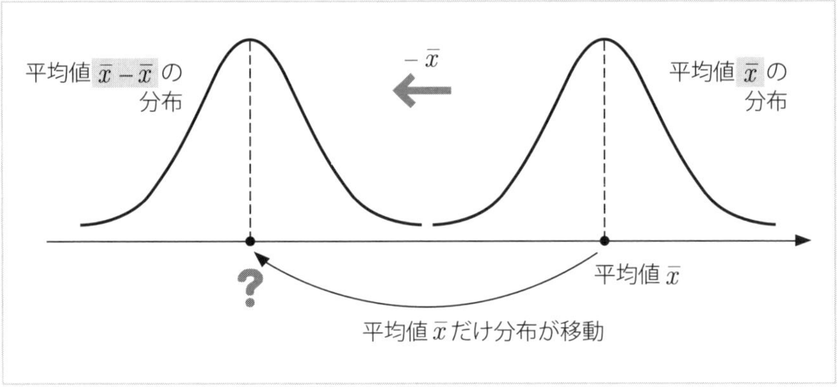

図 4.3.1　平均値がズレる

平均値の位置がその平均値の分だけズレると，その位置は

$$\text{平均値}\ \bar{x} - \text{平均値}\ \bar{x} \longrightarrow 0$$

ですね！

確率分布の標準化は
$\dfrac{X-\mu}{\sigma}$
となります

理由❷　次に，分母に注目しましょう

分母は標準偏差となっています．

標準偏差はデータのバラツキを表しているので，

標準偏差で割るということは……

データのバラツキも変わる？

バラツキは標準偏差そのものですから……

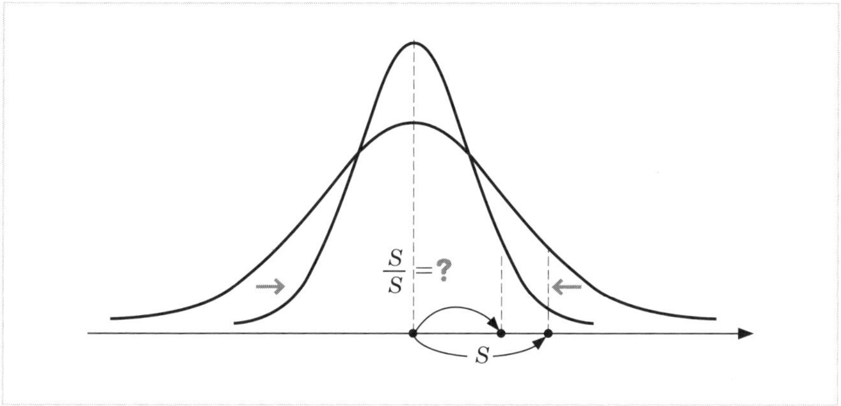
$\frac{S}{S}=$?
S

図 4.3.2　バラツキが変わる

標準偏差 S を標準偏差 S で割って，バラツキは

$$\frac{標準偏差}{標準偏差}=\frac{S}{S} \quad \rightarrow \quad 1$$

となるわけです．

Section 4.4 偏差値を計算してみませんか？

S 君は，予備校で数学のテストを 2 回受けました．

- 1 回目　55 点　(平均 35 点　標準偏差 14)
- 2 回目　73 点　(平均 62 点　標準偏差 8)

1 回目と 2 回目とでは，どちらの成績の方がいいのでしょう？

1 回目の成績が 55 点で，2 回目が 73 点ですから，
ずいぶん点数が上がっています．

でも平均値は，1 回目が 35 点で，2 回目が 62 点です．

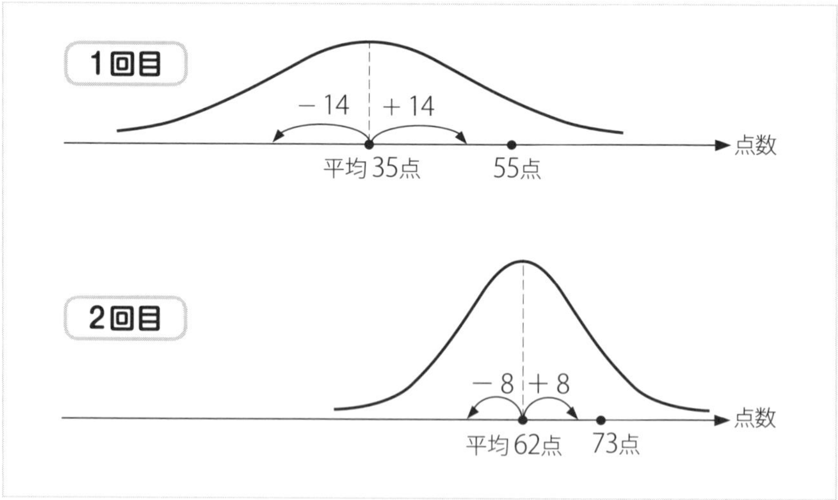

図 4.4.1

点数だけを比べると

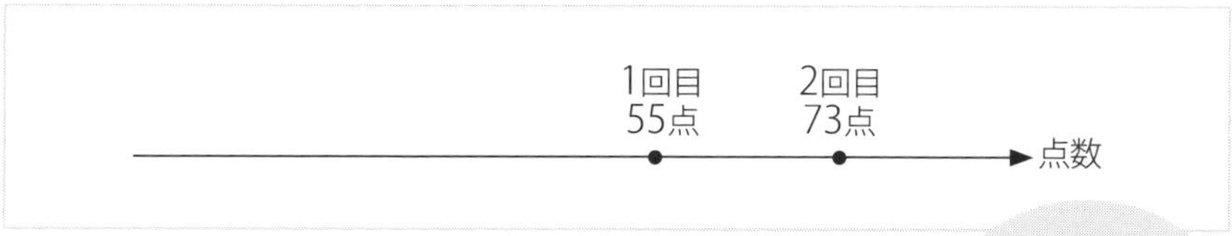

図 4.4.2　点数の比較

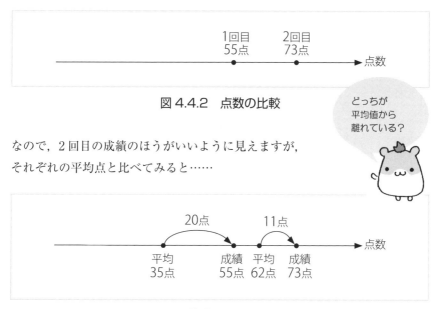

なので，2 回目の成績のほうがいいように見えますが，
それぞれの平均点と比べてみると……

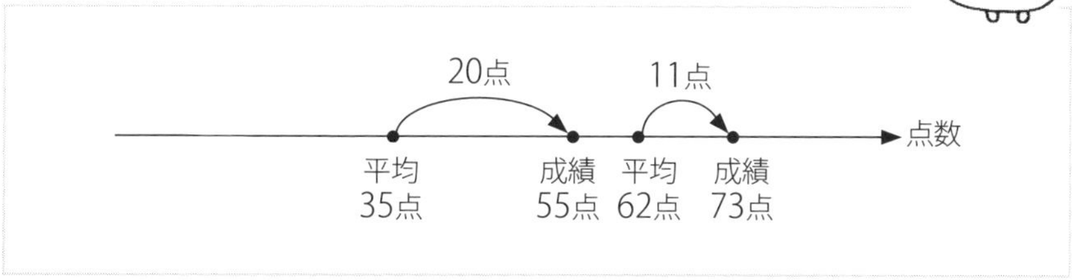

図 4.4.3　平均点からのキョリの比較

2 回目のほうが悪いようにも見えます．
そこで，2 組のデータを比較するとき

データの標準化

をして，比べてみましょう．

1 回目

55 点 ➡ $\dfrac{55-35}{14}=1.429$

2 回目

73 点 ➡ $\dfrac{73-62}{8}=1.375$

したがって，1 回目の成績のほうがいいようですね！

でも，標準化した数値を見ていると……あまり，

「点数」

という気持ちになれません！

やはり，点数は

“0点～100点の間に分布するようにしてほしい”

ですね‼

そこで，次のような変換

$$x\text{点} \longrightarrow 50\text{点} + \frac{x - \text{平均値}}{\text{標準偏差}} \times 10$$

を考えてみましょう．

この変換をすると，標準化に50点を加えますから

平均点　　は　50点

になります．さらに，標準化を10倍していますから

標準偏差　は　10点

になります．

この変換で得られた点数を

偏差値 と呼んでいます．

偏差値の定義

テストの点数 x に対し

$$50\text{点} + \frac{x - \text{平均値}}{\text{標準偏差}} \times 10$$

を**偏差値**といいます.

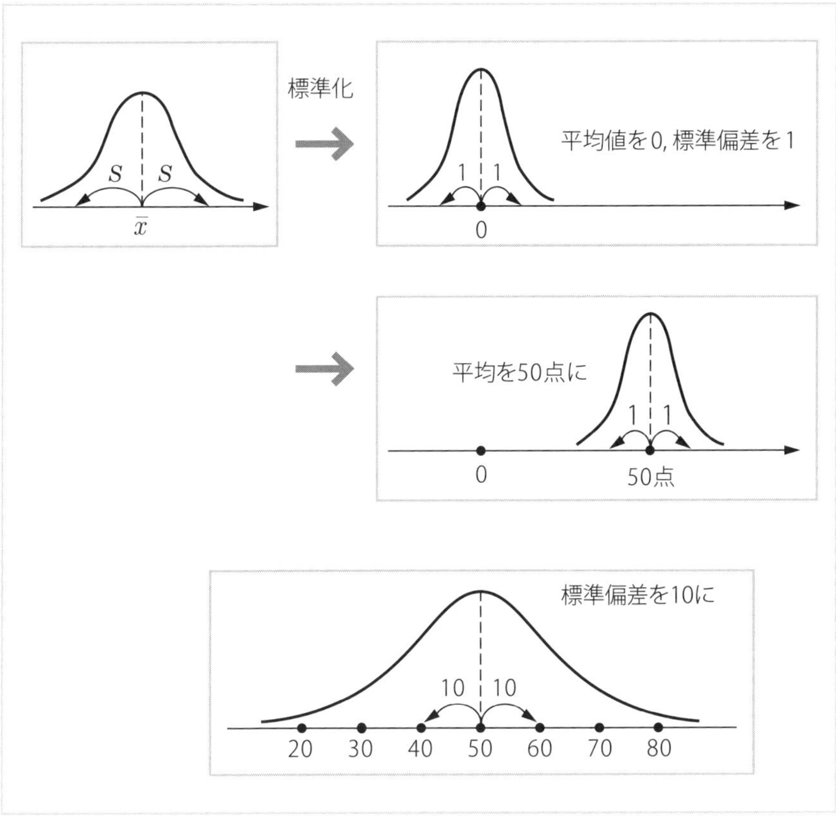

図 4.4.4　基本の偏差値

chapter 5
2変数データの基本は散布図から！

統計解析で，最もよく使われている手法，それは

回帰分析

です．

その理由は？？

それは，この手法が **わかりやすい** からです！

なぜ，回帰分析はわかりやすい統計手法なのでしょうか？

それは，

回帰分析のデータが２変数データになっている

ということと密接な関連があります．

表 5.0.1　２変数データの型

No.	変数 x	変数 y
1	x_1	y_1
2	x_2	y_2
⋮	⋮	⋮
N	x_N	y_N

xを原因，yを結果
のように
因果関係
としてとらえると
わかりやすいね！

2変数データといえば

身長と体重　，　算数と国語の点数

などが有名です．ここでは，

ハムスターの

体長　と　体重

を取り上げてみましょう．

回帰分析の手順は
❶ 散布図
❷ 相関係数
❸ 回帰直線
となります

そこで

- ペットのハムスター　…グループ A
- 野生のハムスター　…グループ B

の体長と体重を調べてみると……

表 5.0.2　グループ A
ペットのハムスター

No.	体長	体重
1	7.6	48
2	8.2	57
3	9.6	58
4	7.1	44
5	10.3	56
6	8.5	36
7	9.3	60
8	10.6	61

表 5.0.3　グループ B
野生のハムスター

No.	体長	体重
1	8.6	35
2	9.8	41
3	11.4	50
4	7.5	38
5	8.3	39
6	9.7	45
7	10.5	53

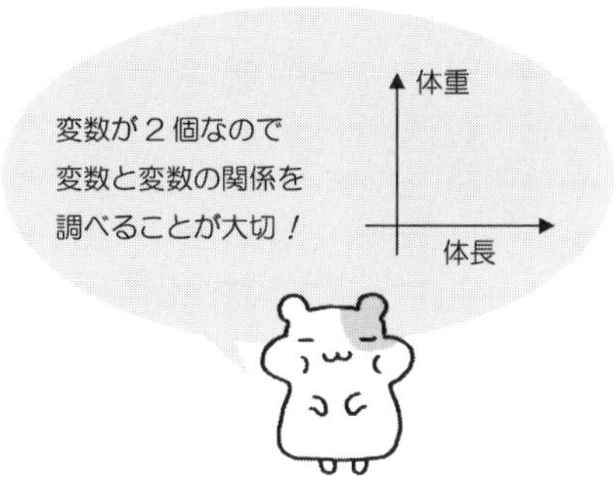
変数が2個なので
変数と変数の関係を
調べることが大切！
体重
体長

Section 5.1 散布図のはなし

ところで，統計処理の第一歩は

グラフ表現!!

そこで……

ハムスターのデータをグラフで表現してみましょう．

表 5.1.1　ペットハムスター

No.	体長	体重
1	7.6	48
2	8.2	57
3	9.6	58
4	7.1	44
5	10.3	56
6	8.5	36
7	9.3	60
8	10.6	61

このデータは
回帰分析の
典型的な型ですね

このデータの特徴は**対応している２つの変数**ということです．

変数が２つあるので，データをグラフで表すには

横軸　と　**縦軸**

が必要です．

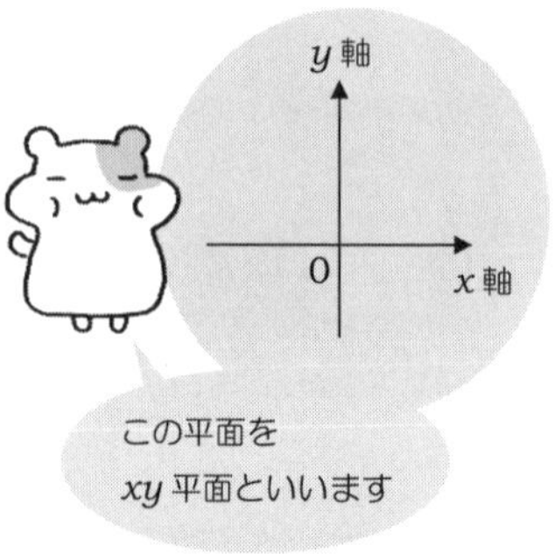
y 軸
0
x 軸
この平面を
xy 平面といいます

そこで

体長を横軸に　体重を縦軸に

とります.

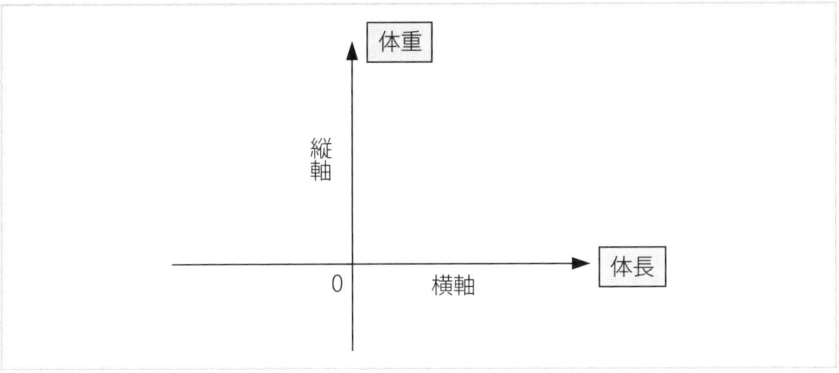

図 5.1.1

表 5.1.1 のデータを，この xy 平面上に表現してみましょう.

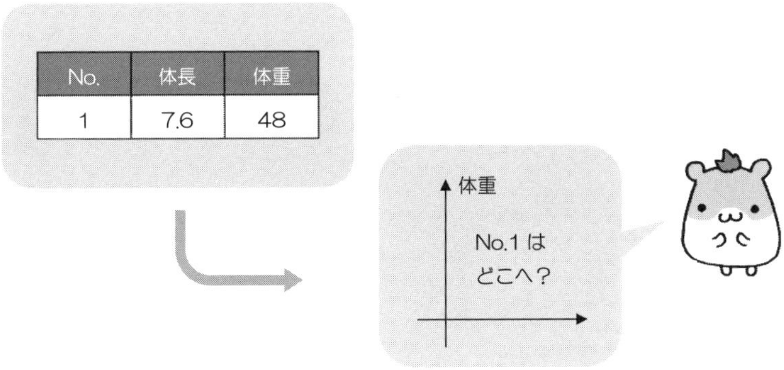

すると，1 番目のデータは （7.6 cm　48 g） なので…

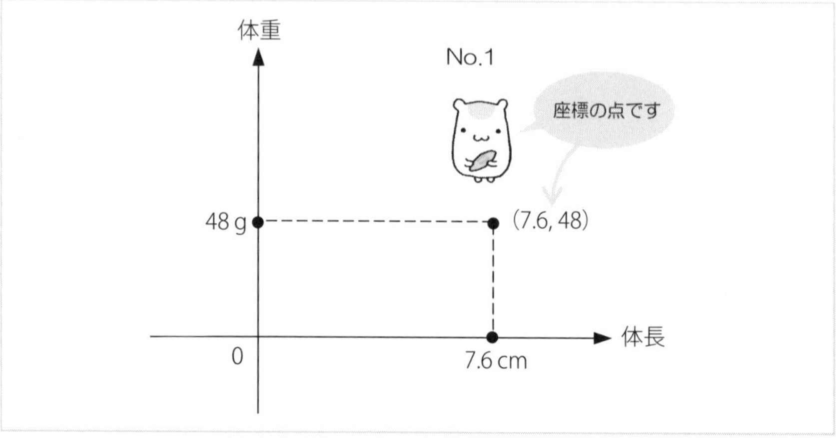

図 5.1.2　1 番目のハムスター

のように表すことができます．

このようなグラフ表現を

散布図

といいます．

残りの 7 個のデータも，グラフ上に描いておきましょう．

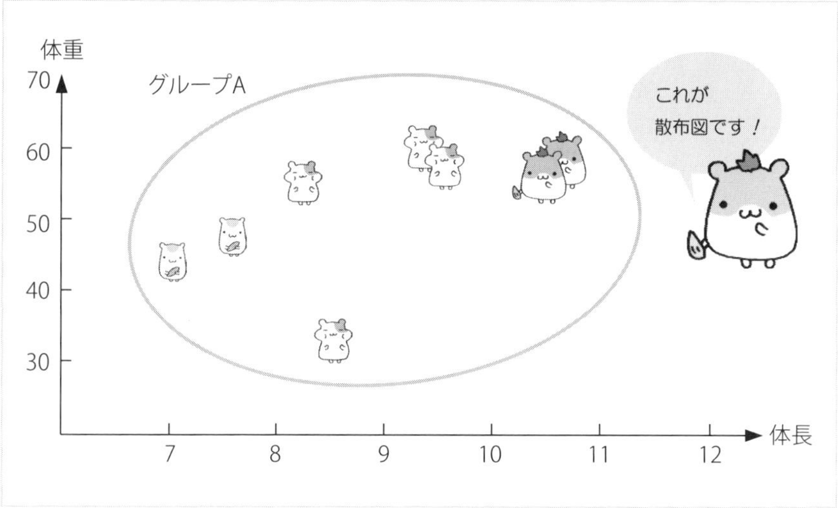

図 5.1.3　ペットハムスターの散布図

続いて，野生ハムスターの散布図も描いてみましょう．

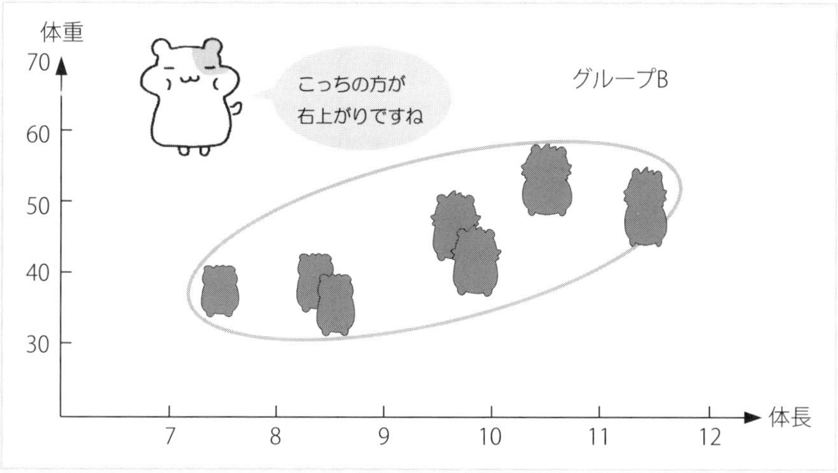

図 5.1.4　野生ハムスターの散布図

Section 5.2 散布図から相関係数へ

次のデータの XY を２つの座標軸として
グラフ表現をしましょう.

表 5.2.1　２変数データ

	X	*Y*
A	7.6	48
B	8.2	57
C	9.6	58

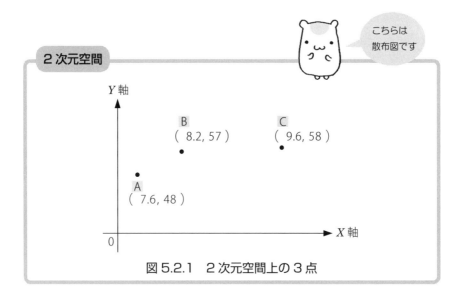

２次元空間

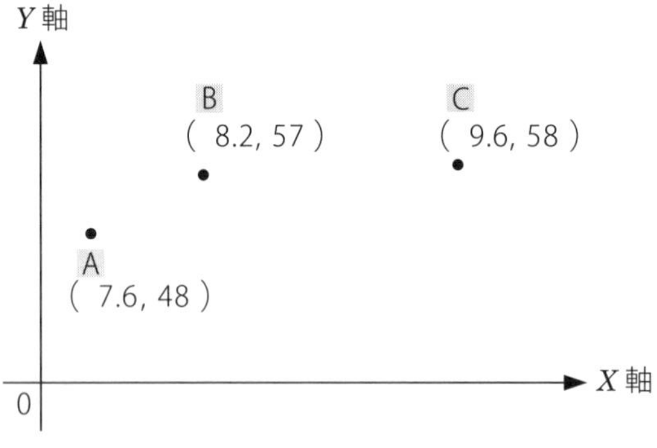

図 5.2.1　２次元空間上の３点

データのタテとヨコを入れかえてみましょう.

表 5.2.2　3 変数データ？

	A	B	C
X	7.6	8.2	9.6
Y	48	57	58

このデータの ABC を 3 つの座標軸として
グラフ表現すると……

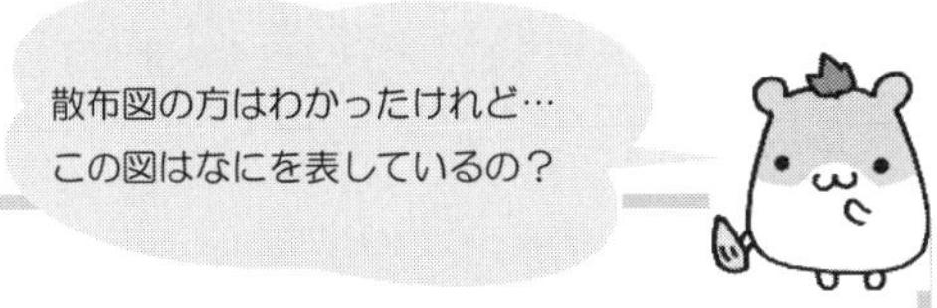

散布図の方はわかったけれど…
この図はなにを表しているの？

3 次元空間

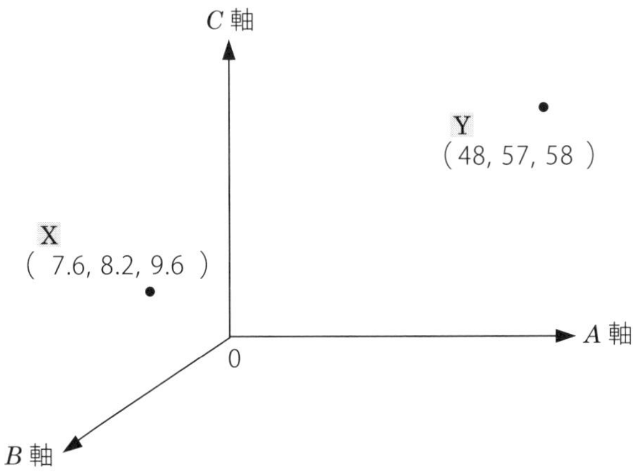

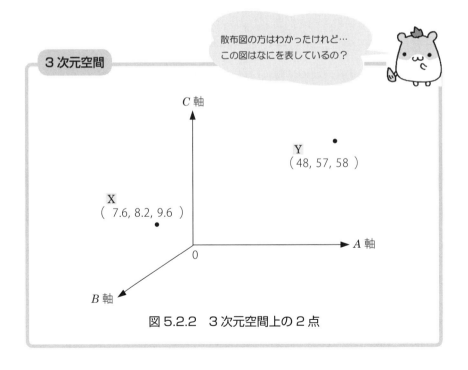

図 5.2.2　3 次元空間上の 2 点

次のデータの 体長 体重 を２つの座標軸として
グラフ表現をしましょう.

表 5.2.3　2 変数データ

No.	体長	体重
1	7.6	48
2	8.2	57
3	9.6	58
4	7.1	44
5	10.3	56
6	8.5	36
7	9.3	60
8	10.6	61

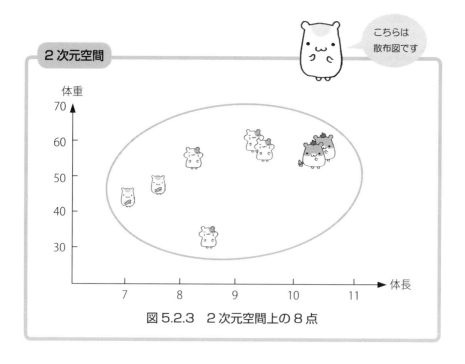

2 次元空間

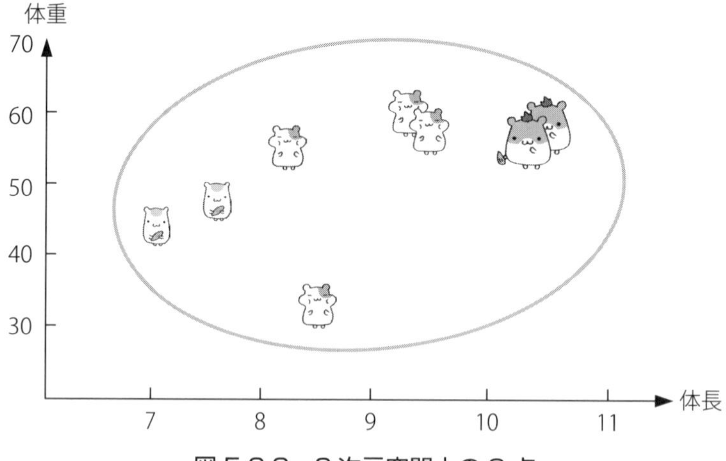

図 5.2.3　2 次元空間上の 8 点

データのタテとヨコを入れかえてみましょう．

??

表 5.2.4　8 変数データ？

No.	1	2	3	4	5	6	7	8
体長	7.6	8.2	9.6	7.1	10.3	8.5	9.3	10.6
体重	48	57	58	44	56	36	60	61

このデータの 1 2 3 4 5 6 7 8 を
8 つの座標
として，グラフ表現すると…

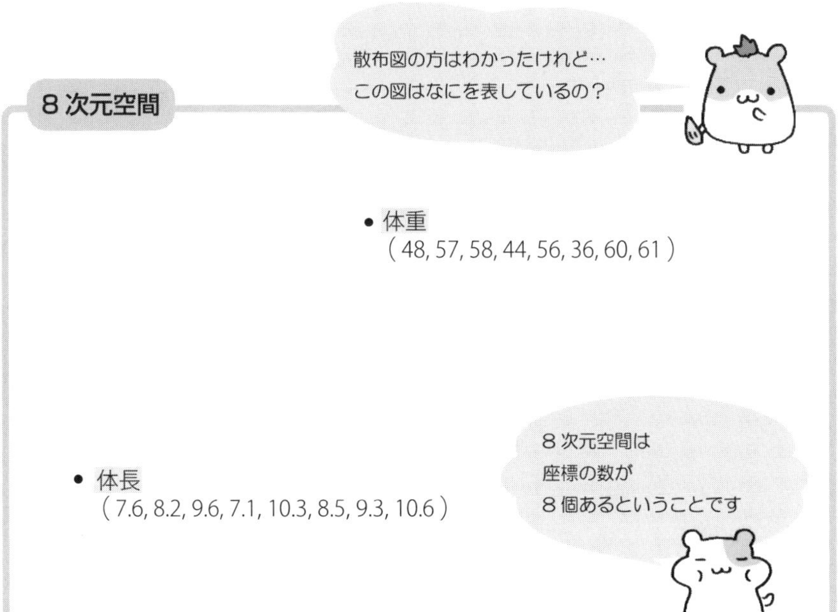
散布図の方はわかったけれど…
この図はなにを表しているの？
8 次元空間
• 体重
（48, 57, 58, 44, 56, 36, 60, 61）
• 体長
（7.6, 8.2, 9.6, 7.1, 10.3, 8.5, 9.3, 10.6）
8 次元空間は
座標の数が
8 個あるということです

図 5.2.4　8 次元空間上の 2 点

次に，平均値を基準として

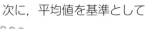

体長のベクトル　と　体重のベクトル

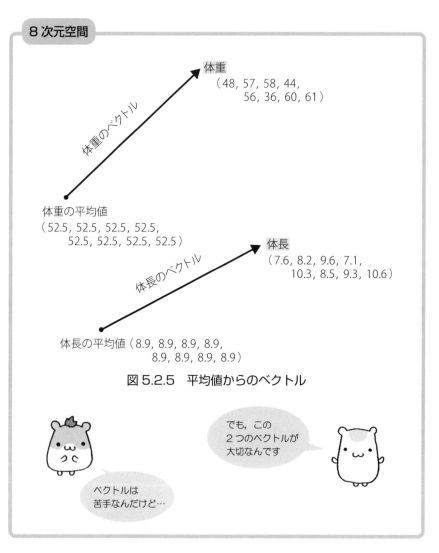

を考えてみました.

8 次元空間

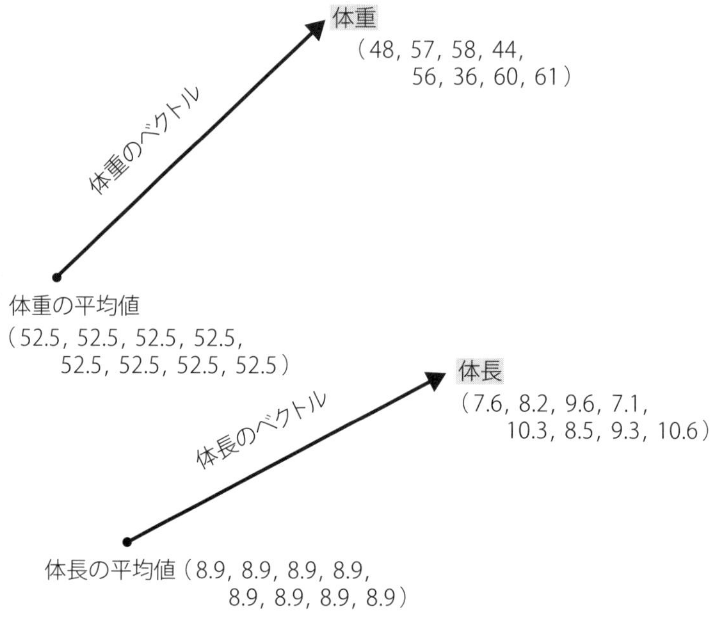

図 5.2.5　平均値からのベクトル

次に，2 つのベクトルを平行移動して

体長のベクトルと体重のベクトルの角度

を考えてみました．

8 次元空間

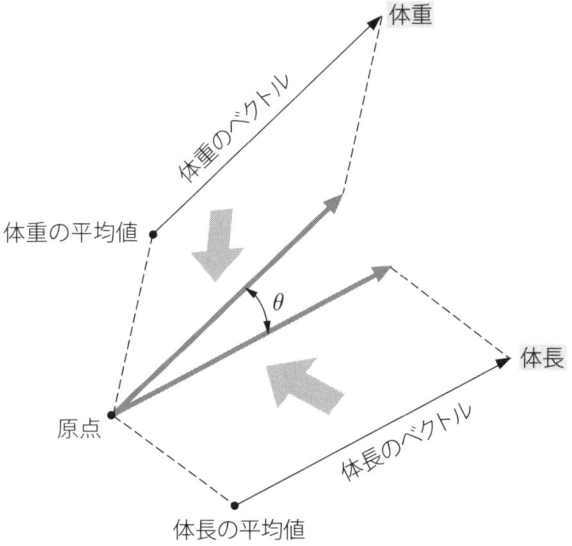

図 5.2.6　2 つのベクトルのなす角 θ

chapter 6

相関係数をわかってナットク！

相関係数 は，平均値や分散と並んで

よく使われる統計用語

なのですが

相関係数を納得されている人は多くないようです．

その理由は??

それは相関係数が

ベクトル

と関係があるせいかもしれません．

ベクトルといえば，次のような図をよく見かけます．

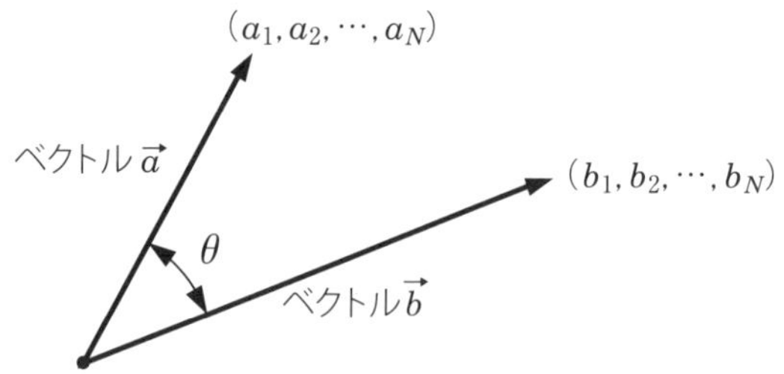

図 6.0.1　N 次元空間の 2 つのベクトル

この 2 つのベクトルの関係が，相関係数なのです．

ベクトルはとても重要な考え方なのですが……
なぜか，キライな人が多いようですね！

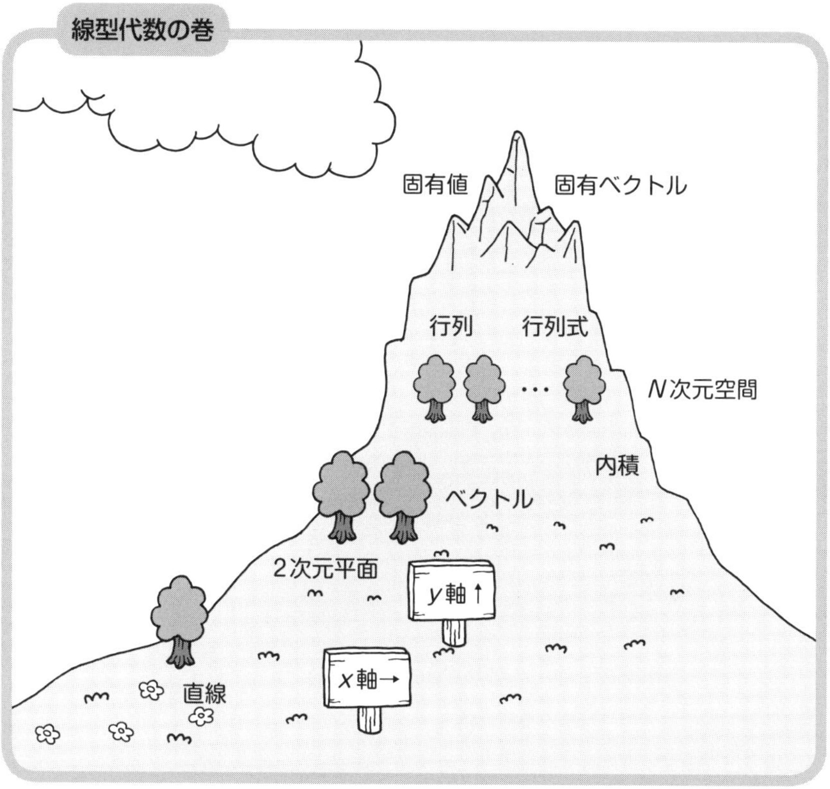

Section 6.1 これが相関係数の定義です

相関係数の定義

次のデータに対して，

No.	変数A	変数B
1	a_1	b_1
2	b_1	b_2
⋮	⋮	⋮
N	a_N	b_N

平均値 $\bar{a}$
平均値 $\bar{b}$

変数Aと変数Bの相関係数rは

$$r = \frac{\sum_{i=1}^{N}(a_i - \bar{a}) \times (b_i - \bar{b})}{\sqrt{\sum_{i=1}^{N}(a_i - \bar{a})^2} \times \sqrt{\sum_{i=1}^{N}(b_i - \bar{b})^2}}$$

で定義されます．

この相関係数を，**ピアソンの相関係数**といいます．

この相関係数rのことを

積率相関係数

ともいいます．

相関係数は
単位の影響を受けない
すぐれた統計量です

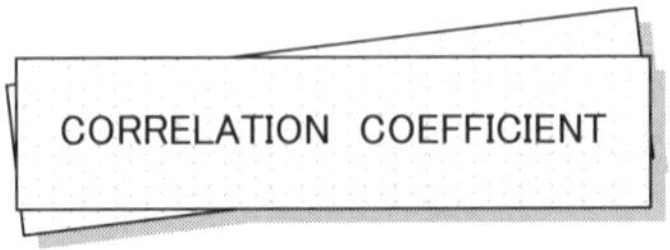
CORRELATION COEFFICIENT

Section 6.2 相関係数を分解してみると

相関係数 r の定義式

$$r = \frac{\sum_{i=1}^{N} (a_i - \bar{a}) \times (b_i - \bar{b})}{\sqrt{\sum_{i=1}^{N} (a_i - \bar{a})^2} \times \sqrt{\sum_{i=1}^{N} (b_i - \bar{b})^2}}$$

この式は，次の **3 つの部分**から成り立っています．

その❶ $\sum_{i=1}^{N} (a_i - \bar{a})^2$ …変数 A の 2 乗の部分

その❷ $\sum_{i=1}^{N} (b_i - \bar{b})^2$ …変数 B の 2 乗の部分

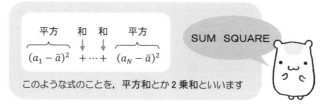

$$\underbrace{(a_1 - \bar{a})^2}_{\text{平方}} \ \underset{\text{和}}{+} \cdots \underset{\text{和}}{+} \ \underbrace{(a_N - \bar{a})^2}_{\text{平方}}$$

このような式のことを，**平方和**とか **2 乗和**といいます

その❸ $\sum_{i=1}^{N} (a_i - \bar{a}) \times (b_i - \bar{b})$ …変数 A，B の積の部分

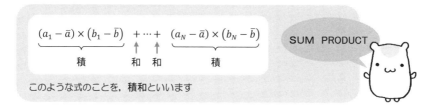

$$\underbrace{(a_1 - \bar{a}) \times (b_1 - \bar{b})}_{\text{積}} \ \underset{\text{和}}{+} \cdots \underset{\text{和}}{+} \ \underbrace{(a_N - \bar{a}) \times (b_N - \bar{b})}_{\text{積}}$$

このような式のことを，**積和**といいます

そこで，この 3 つの部分について，調べてみましょう！

その❶　変数 A の平方和の部分

相関係数の定義式

$$r = \frac{\sum_{i=1}^{N}(a_i - \bar{a}) \times (b_i - \bar{b})}{\sqrt{\sum_{i=1}^{N}(a_i - \bar{a})^2} \times \sqrt{\sum_{i=1}^{N}(b_i - \bar{b})^2}}$$

の分母の左の部分

$$\sum_{i=1}^{N}(a_i - \bar{a})^2 = (a_1 - \bar{a})^2 + (a_2 - \bar{a})^2 + \cdots + (a_N - \bar{a})^2$$

に注目すると，この部分は

データと平均値 $\bar{a}$ との差の 2 乗和

なので

変数 A に関する データの変動

を表しています.

ここで，距離の定義を思い出すと

$$\sqrt{(a_1 - \bar{a})^2 + (a_2 - \bar{a})^2 + \cdots + (a_N - \bar{a})^2}$$

は，**変数 A に関する 長さ** を表していることがわかります.

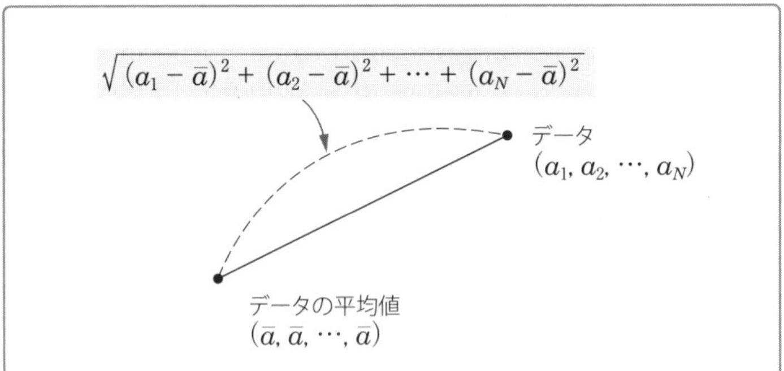

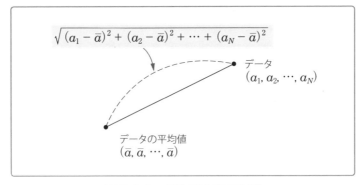

図 6.2.1　N 次元空間の距離

その❷　変数 B の平方和の部分

相関係数の定義式

$$r = \frac{\sum_{i=1}^{N}(a_i - \bar{a}) \times (b_i - \bar{b})}{\sqrt{\sum_{i=1}^{N}(a_i - \bar{a})^2} \times \sqrt{\sum_{i=1}^{N}(b_i - \bar{b})^2}}$$

の分母の右の部分

$$\sum_{i=1}^{N}(b_1 - \bar{b})^2 = (b_1 - \bar{b})^2 + (b_2 - \bar{b})^2 + \cdots + (b_N - \bar{b})^2$$

に注目しましょう．この部分は

データと平均値 $\bar{b}$ との差の 2 乗和

ですから

変数 B に関する データの変動

を意味しています．

ここで，距離の定義を思い出すと

$$\sqrt{(b_1 - \bar{b})^2 + (b_2 - \bar{b})^2 + \cdots + (b_N - \bar{b})^2}$$

は，変数 B に関する 長さ を表していることがわかります．

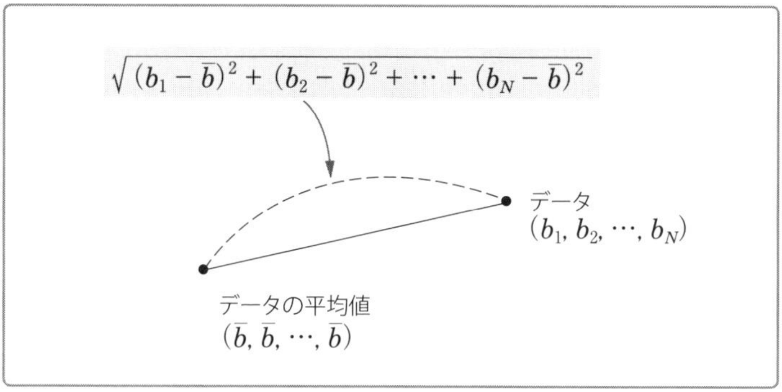

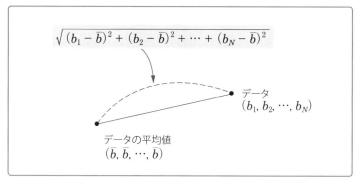

図 6.2.2　N 次元空間の距離

その❸　変数 A と変数 B の積和の部分

相関係数の定義式

$$r = \frac{\sum_{i=1}^{N}(a_i - \overline{a}) \times (b_i - \overline{b})}{\sqrt{\sum_{i=1}^{N}(a_i - \overline{a})^2} \times \sqrt{\sum_{i=1}^{N}(b_i - \overline{b})^2}}$$

の分子

$$\sum_{i=1}^{N}(a_i - \overline{a}) \times (b_i - \overline{b})$$

つまり，

$$(a_1 - \overline{a}) \times (b_1 - \overline{b}) + (a_2 - \overline{a}) \times (b_2 - \overline{b}) + \cdots + (a_N - \overline{a}) \times (b_N - \overline{b})$$

は，何を表現しているのでしょうか．

この**積和**の意味がわかると

相関係数をナットク！

できそうですね．

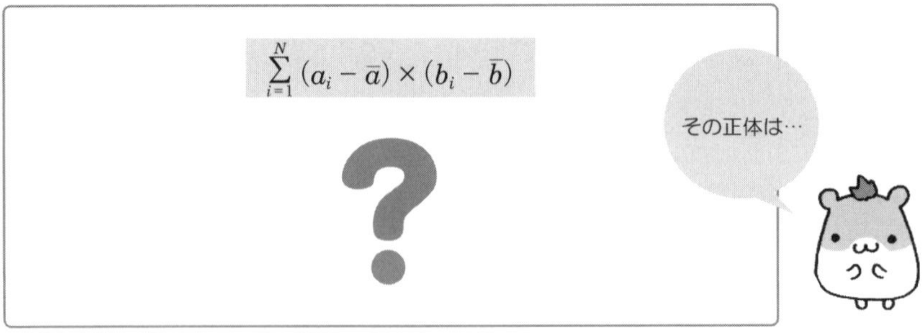

図 6.2.3　N 次元空間の

標本分散・標本共分散・相関係数の公式

No.	変数A	変数B	平方A^2	平方B^2	積A×B
1	a_1	b_1	${a_1}^2$	${b_1}^2$	$a_1 \times b_1$
2	a_2	b_2	${a_2}^2$	${b_2}^2$	$a_2 \times b_2$
⋮	⋮	⋮	⋮	⋮	⋮
N	a_N	b_N	${a_N}^2$	${b_N}^2$	$a_N \times b_N$
合計	$\sum_{i=1}^{N} a_i$	$\sum_{i=1}^{N} b_i$	$\sum_{i=1}^{N} {a_i}^2$	$\sum_{i=1}^{N} {b_i}^2$	$\sum_{i=1}^{N} a_i \times b_i$

↑平方和　↑平方和　↑積和

$$\text{変数}A\text{の標本分散} = \frac{N \times \left(\sum_{i=1}^{N} {a_i}^2\right) - \left(\sum_{i=1}^{N} a_i\right)^2}{N \times (N-1)}$$

$$\text{変数}A\text{と変数}B\text{の標本共分散} = \frac{N \times \left(\sum_{i=1}^{N} a_i \times b_i\right) - \left(\sum_{i=1}^{N} a_i\right) \times \left(\sum_{i=1}^{N} b_i\right)}{N \times (N-1)}$$

変数A, Bの相関係数r

$$r = \frac{N \times \left(\sum_{i=1}^{N} a_i \times b_i\right) - \left(\sum_{i=1}^{N} a_i\right) \times \left(\sum_{i=1}^{N} b_i\right)}{\sqrt{N \times \left(\sum_{i=1}^{N} {a_i}^2\right) - \left(\sum_{i=1}^{N} a_i\right)^2} \times \sqrt{N \times \left(\sum_{i=1}^{N} {b_i}^2\right) - \left(\sum_{i=1}^{N} b_i\right)^2}}$$

電卓で
標本分散・標本共分散・
相関係数を求めるときは…
この公式を
使いましょう！

平面について調べるとき，必要な道具が2つあります．

その❶　長さを測る道具

その❷　広がりを測る道具

その❶　長さを測る道具

平面上の長さ

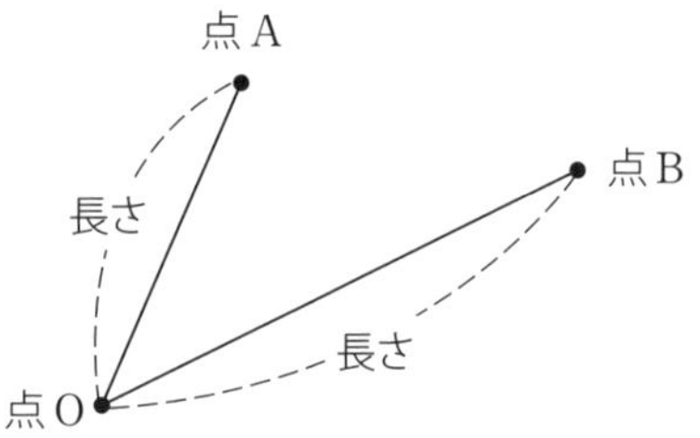

図 6.2.4　長さのイメージ

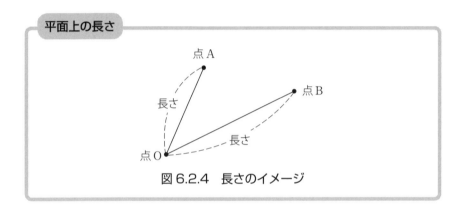

相関係数の定義式の分母は 平方和 です．

変数 A の平方和

$$(a_1-\overline{a})^2+(a_2-\overline{a})^2+\cdots+(a_N-\overline{a})^2$$

が，**変数 A の 長さ** を測る道具です．

変数 B の平方和

$$(b_1-\overline{b})^2+(b_2-\overline{b})^2+\cdots+(b_N-\overline{b})^2$$

が，**変数 B の 長さ** を測る道具です．

平面には2つの
概念が必要です
それは
長さと広がりです

その❷ 広がりを測る道具

平面上の広がり

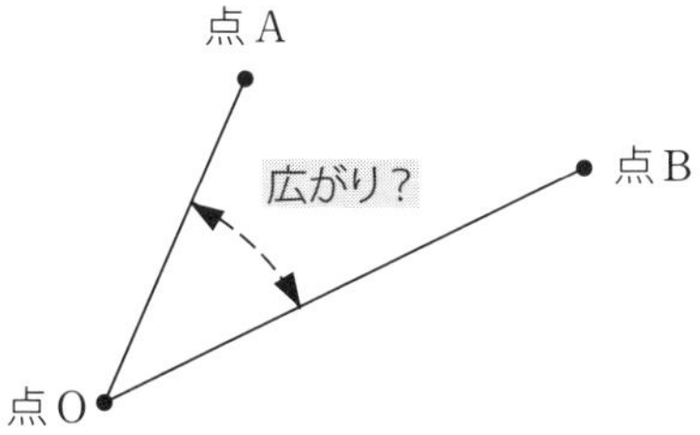
点A
点B
広がり？
点O

図 6.2.5　広がりのイメージ

相関係数の定義式の分子は **積和** です.

変数 A と変数 B の積和

$$(a_1-\overline{a})\times(b_1-\overline{b})+(a_2-\overline{a})\times(b_2-\overline{b})+\cdots+(a_N-\overline{a})\times(b_N-\overline{b})$$

が変数 A と変数 B の **広がり** を測る道具です.

どうして積和が
広がりを測る道具
なの？
扇子がひらいているね

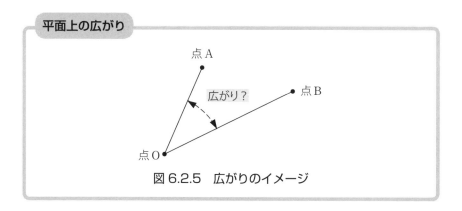

Section 6.3 これが広がりを測る道具です

2つの変数の**積和**は

$$(a_1-\overline{a})\times(b_1-\overline{b})+(a_2-\overline{a})\times(b_2-\overline{b})+\cdots+(a_N-\overline{a})\times(b_N-\overline{b})$$

平面の**広がり**を測る道具です.

そのことを実感しましょう.

まず，三角形 OAB を描いて……

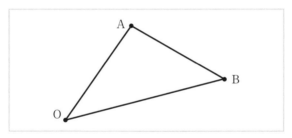

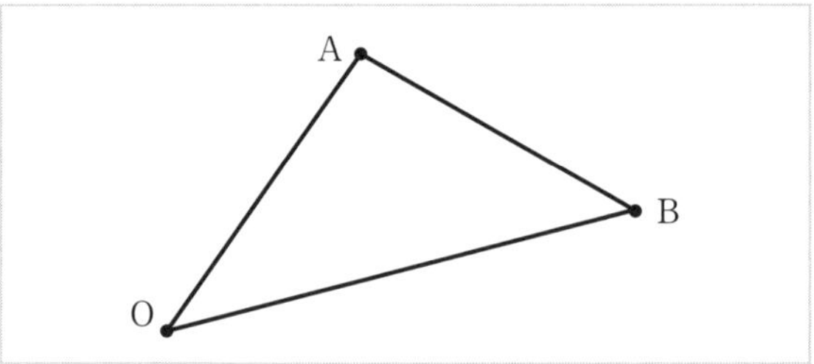

図 6.3.1　基本の三角形

次のようにします.

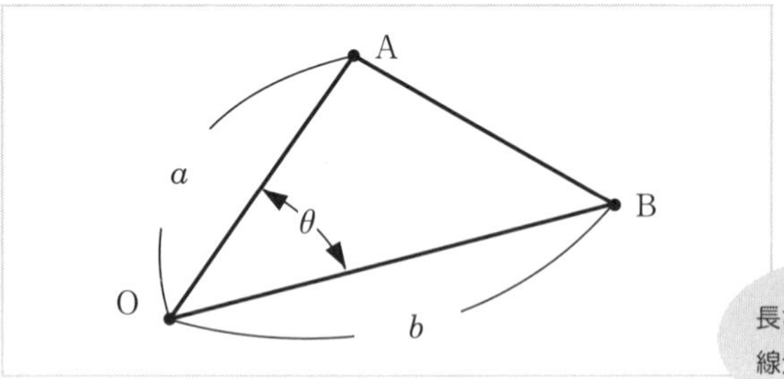

図 6.3.2　角度＝θ

このとき，問題は

広がりθをどのように測るか？

ということですね！

そこで，三角形OABの面積を計算してみましょう．

点Aから辺OBに垂線をおろすと……

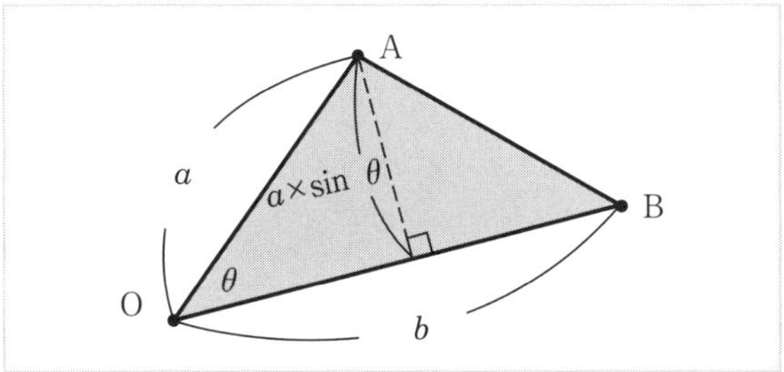

図 6.3.3　この面積Sは？

三角形OABの面積Sは

$$S = \frac{1}{2} \times \underbrace{a \times \sin\theta}_{\text{高さ}} \times \underbrace{b}_{\text{底辺}}$$

となります．

ここで，後のことを考えて，
2乗しておきます．

$$S^2 = \frac{1}{4} \times (a \times \sin\theta)^2 \times b^2$$

次に，2点A，Bの座標を (a_1, a_2)，(b_1, b_2) とします．

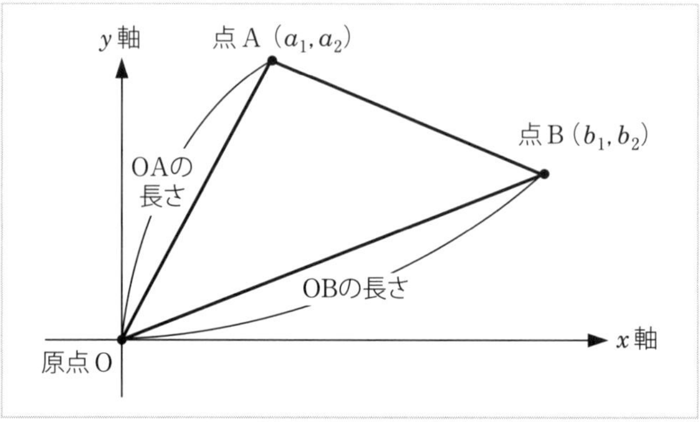

図 6.3.4　座標で表現

すると，辺OA，辺OBの長さは

$$\text{OA の長さ} = \sqrt{{a_1}^2 + {a_2}^2}$$

$$\text{OB の長さ} = \sqrt{{b_1}^2 + {b_2}^2}$$

なので，三角形OABの面積の2乗は

$$S^2 = \frac{1}{4} \times (\text{OA の長さ} \times \sin\theta)^2 \times (\text{OB の長さ})^2$$

$$= \frac{1}{4} \times ({a_1}^2 + {a_2}^2) \times (\sin\theta)^2 \times ({b_1}^2 + {b_2}^2)$$

となります．

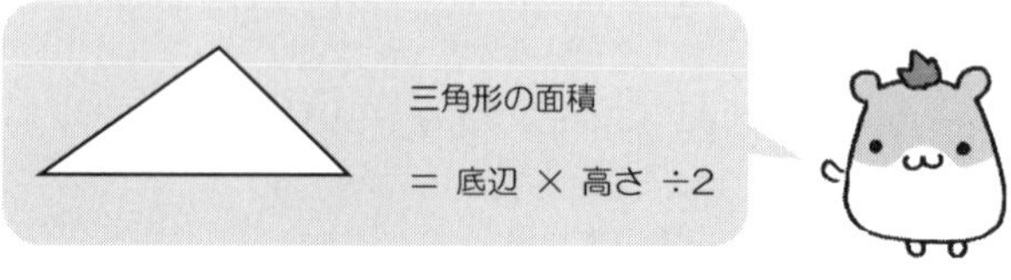

ところで，三角形OABの面積は，
次のようにしても求めることができます.

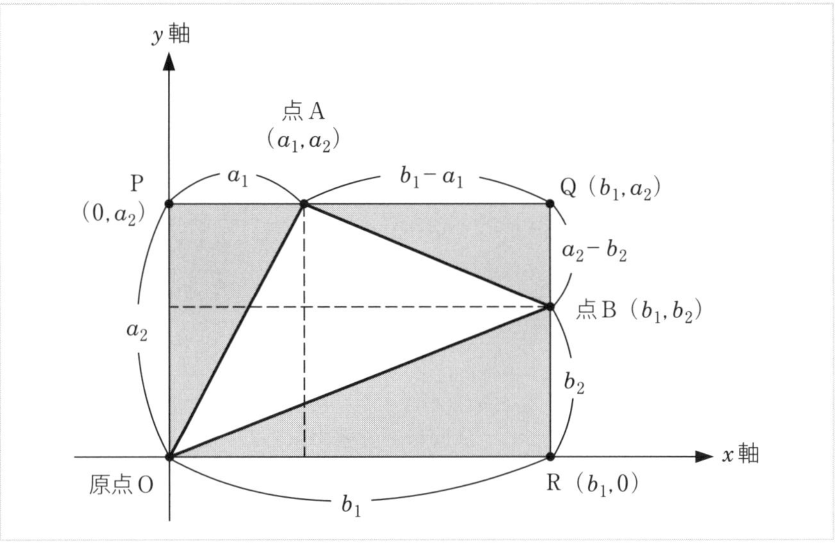

図 6.3.5　見方を変えると…

三角形 OAB の面積

$$= \text{四角形 OPQR} - \text{三角形 OAP} - \text{三角形 OBR} - \text{三角形 ABQ}$$

$$= b_1 \times a_2 - \frac{1}{2} \times a_1 \times a_2 - \frac{1}{2} \times b_1 \times b_2 - \frac{1}{2} \times (b_1 - a_1) \times (a_2 - b_2)$$

$$= \frac{1}{2} \times (2 \times b_1 \times a_2 - a_1 \times a_2 - b_1 \times b_2 - b_1 \times a_2 + a_1 \times a_2 + b_1 \times b_2 - a_1 \times b_2)$$

$$= \frac{1}{2} \times (a_2 \times b_1 - a_1 \times b_2)$$

三角形の面積の求め方にも
いろいろありますね

以上のことをまとめると……

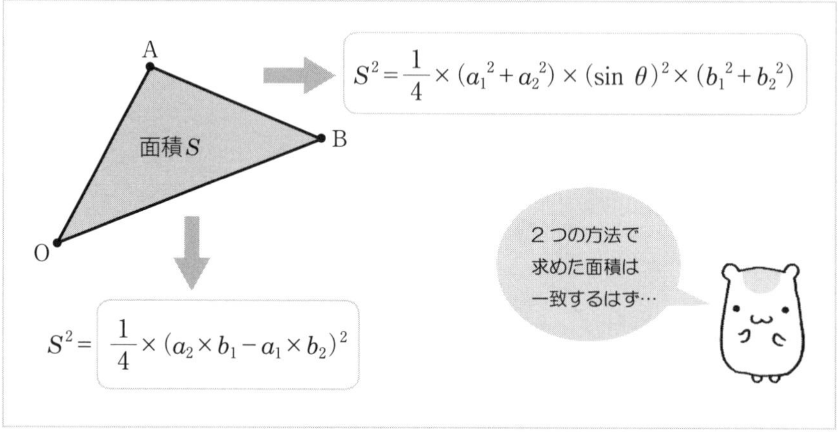

図 6.3.6　２通りの面積の求め方

したがって

$$\frac{1}{4} \times (a_1{}^2 + a_2{}^2) \times (\sin\ \theta)^2 \times (b_1{}^2 + b_2{}^2) = \frac{1}{4} \times (a_2 \times b_1 - a_1 \times b_2)^2$$

となりました.

この等式を変形すると……

$$(a_1{}^2 + a_2{}^2) \times (b_1{}^2 + b_2{}^2) \times (\sin\ \theta)^2 = (a_2 \times b_1 - a_1 \times b_2)^2$$

$$(\sin\ \theta)^2 = \frac{(a_2 \times b_1 - a_1 \times b_2)^2}{(a_1{}^2 + a_2{}^2) \times (b_1{}^2 + b_2{}^2)}$$

となります.

ここで, sin θよりも cos θの形で表現したいので……

三角関数の公式

$$(\cos\theta)^2+(\sin\theta)^2=1$$

を利用して変形すると……

相関係数は
cosθですよ

$$(\cos\theta)^2$$

$$=1-(\sin\theta)^2$$

$$=1-\frac{(a_2\times b_1-a_1\times b_2)^2}{({a_1}^2+{a_2}^2)\times({b_1}^2+{b_2}^2)}$$

$$=\frac{({a_1}^2+{a_2}^2)\times({b_1}^2+{b_2}^2)-(a_2\times b_1-a_1\times b_2)^2}{({a_1}^2+{a_2}^2)\times({b_1}^2+{b_2}^2)}$$

$$=\frac{?}{({a_1}^2+{a_2}^2)\times({b_1}^2+{b_2}^2)}$$

$$=\frac{{a_1}^2\times{b_1}^2+{a_2}^2\times{b_2}^2+2\times a_1\times a_2\times b_1\times b_2}{({a_1}^2+{a_2}^2)\times({b_1}^2+{b_2}^2)}$$

$$=\frac{(a_1\times b_1+a_2\times b_2)^2}{({a_1}^2+{a_2}^2)\times({b_1}^2+{b_2}^2)}$$

となります．したがって

$$(\cos\theta)^2=\frac{(a_1\times b_1+a_2\times b_2)^2}{({a_1}^2+{a_2}^2)\times({b_1}^2+{b_2}^2)}$$

となりました．

式の変形は
楽しいですね
ええ…?

そこで，平方根$\sqrt{\quad}$をとると

$$\cos\theta = \frac{a_1 \times b_1 + a_2 \times b_2}{\sqrt{(a_1{}^2 + a_2{}^2) \times (b_1{}^2 + b_2{}^2)}}$$

となります．

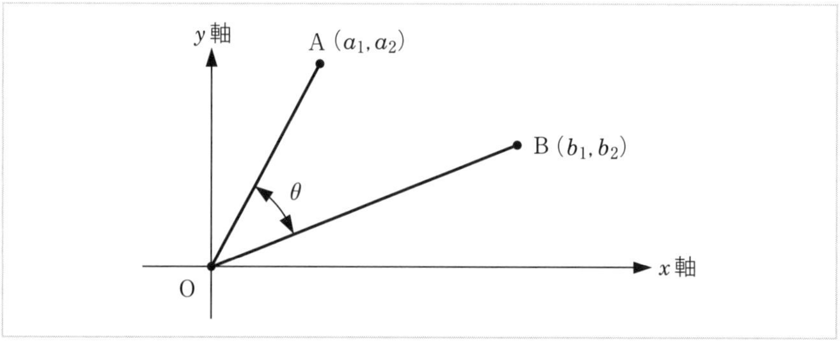

図 6.3.7　ベクトルの角度＝θ

つまり，2 辺 OA と OB の広がりθは

$$\cos\theta = \frac{a_1 \times b_1 + a_2 \times b_2}{\sqrt{a_1{}^2 + a_2{}^2} \times \sqrt{b_1{}^2 + b_2{}^2}}$$

で求まることがわかりました！

以上のことから

角度θと $a_1 \times b_1 + a_2 \times b_2$ の間には密接な関係がある

ことがわかりました.

ということは,

“広がり”

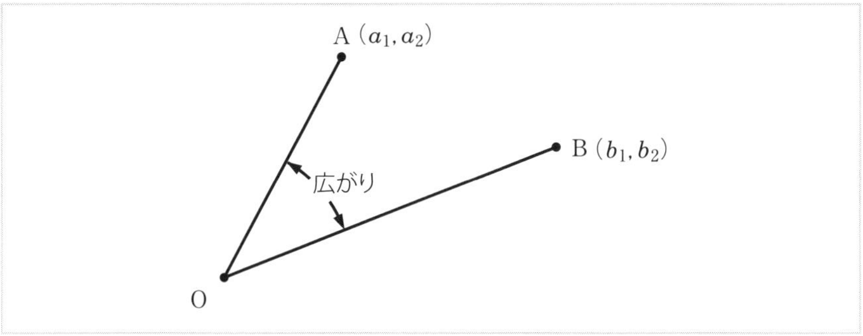

A (a_1, a_2)
B (b_1, b_2)
広がり
O

図 6.3.8　ベクトルの広がり

を測る道具として

$$a_1 \times b_1 + a_2 \times b_2$$

が, よさそうです !!

“$a_1 \times b_1 + a_2 \times b_2$ のことを
ベクトル $\vec{a}$, $\vec{b}$ の
内積 といいます
扇子を広げると
平面をとらえることが
できます

Section 6.4 相関3兄弟――広がり・相関係数・共分散

平面の“広がり”

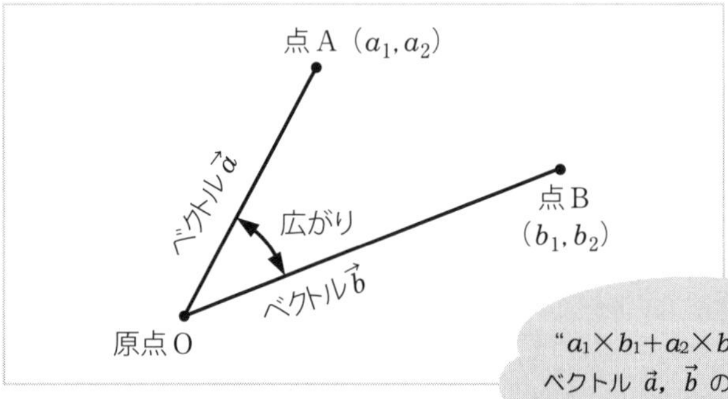

図 6.4.1

と

$$a_1 \times b_1 + a_2 \times b_2$$

の間には，密接な関係があることがわかりました．

でも……

相関係数の定義式は少し異なっていませんか？

というのも

$$a_1 \times b_1 + a_2 \times b_2$$ …ベクトルの内積

と

$$(a_1 - \bar{a}) \times (b_1 - \bar{b}) + (a_2 - \bar{a}) \times (b_2 - \bar{b})$$ …相関係数の分子

とでは，少し違っています．

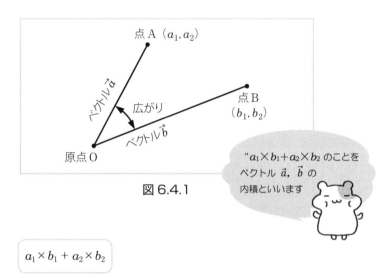

そこで，次のように考えてみましょう．

原点 O（0, 0）に注目します．

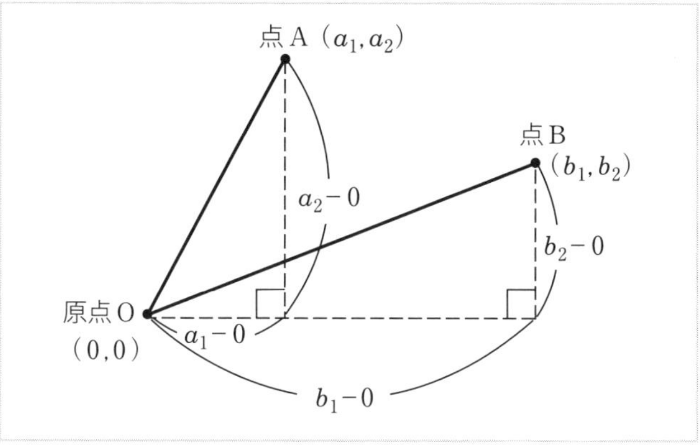

図 6.4.2

この原点 O（0, 0）を基準にすると

$$\text{OA の長さ}=\sqrt{a_1{}^2+a_2{}^2}$$
$$=\boxed{\sqrt{(a_1-0)^2+(a_2-0)^2}}$$
$$\text{OB の長さ}=\sqrt{b_1{}^2+b_2{}^2}$$
$$=\boxed{\sqrt{(b_1-0)^2+(b_2-0)^2}}$$
$$\text{OA と OB の広がり}=a_1\times b_1+a_2\times b_2$$
$$=\boxed{(a_1-0)\times(b_1-0)+(a_2-0)\times(b_2-0)}$$

となります．

それでは，原点（0，0）は，データに置き換えると，何に対応するのでしょうか？

原点（0，0）は中心ですね．
ということは，データに置き換えると……

データの中心

↓

データの代表

↓

平均値

となります！　ということは，

原点（0，0）

のところには，

データの平均値（$\overline{a}$, $\overline{b}$）

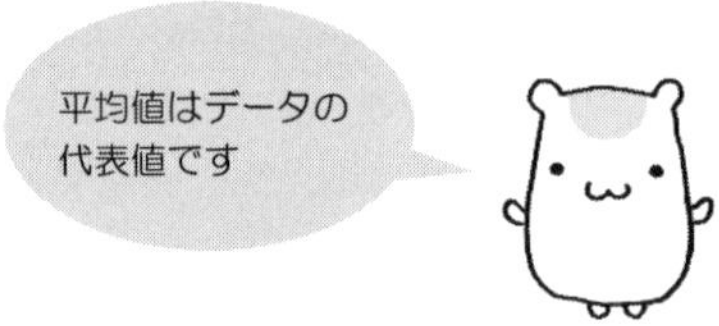

を代入すれば，うまくいきそうです．

したがって，

$$(a_1 \quad\;) \times (b_1 \quad\;) + (a_2 \quad\;) \times (b_2 \quad\;)$$

↓

$$(a_1 - 0) \times (b_1 - 0) + (a_2 - 0) \times (b_2 - 0)$$

↓

$$(a_1 - \overline{a}) \times (b_1 - \overline{b}) + (a_2 - \overline{a}) \times (b_2 - \overline{b})$$

となります．

やはり，相関係数 r

$$\frac{(a_1-\bar{a})\times(b_1-\bar{b})+(a_2-\bar{a})\times(b_2-\bar{b})+\cdots+(a_N-\bar{a})\times(b_N-\bar{b})}{\sqrt{(a_1-\bar{a})^2+(a_2-\bar{a})^2+\cdots+(a_N-\bar{a})^2}\times\sqrt{(b_1-\bar{b})^2+(b_2-\bar{b})^2+\cdots+(b_N-\bar{b})^2}}$$

の分子

$$(a_1-\bar{a})\times(b_1-\bar{b})+(a_2-\bar{a})\times(b_2-\bar{b})+\cdots+(a_N-\bar{a})\times(b_N-\bar{b})$$

は

変数 A と変数 B の**広がり**

を表現しているようですね！

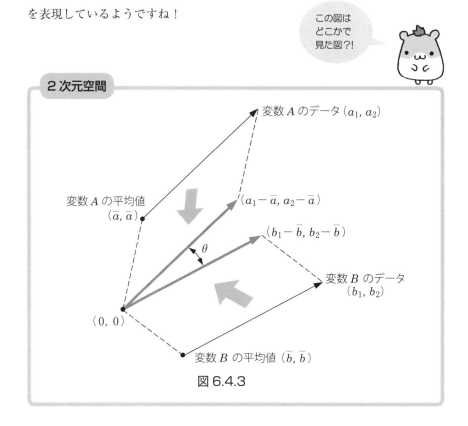

2次元空間

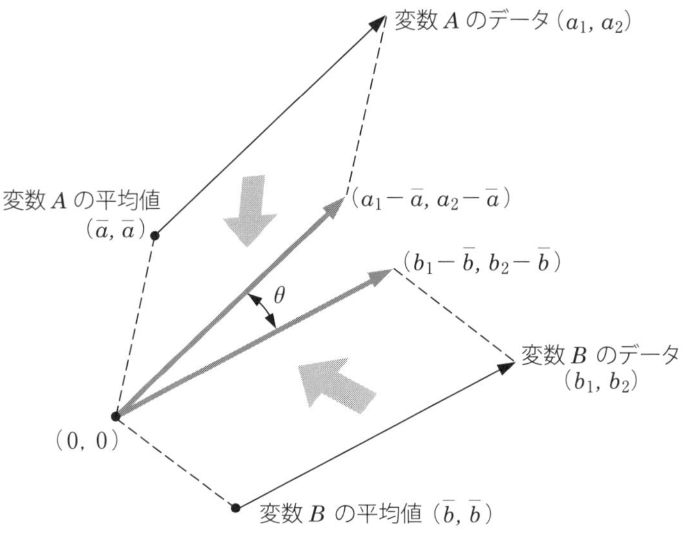

図 6.4.3

以上のことから，N 個のデータ

表 6.4.1

No.	変数 A	変数 B
1	a_1	b_1
2	b_1	b_2
⋮	⋮	⋮
N	a_N	b_N
平均値	$\bar{a}$	$\bar{b}$

に対して，

2 変数 A, B の関連を表す相関係数 r は

$$\frac{(a_1-\bar{a})\times(b_1-\bar{b})+(a_2-\bar{a})\times(b_2-\bar{b})+\cdots+(a_N-\bar{a})\times(b_N-\bar{b})}{\sqrt{(a_1-\bar{a})^2+\cdots+(a_N-\bar{a})^2}\times\sqrt{(b_1-\bar{b})^2+\cdots+(b_N-\bar{b})^2}}$$

となります．

やっと，**相関係数**の定義式に戻ってきました！

I will be back
Back to the SOKANKEISU!

ところで，

$$\frac{(a_1-\overline{a})^2+(a_2-\overline{a})^2+\cdots+(a_N-\overline{a})^2}{N-1}$$

は変数 A の**標本分散**です．

$$\frac{(b_1-\overline{b})^2+(b_2-\overline{b})^2+\cdots+(b_N-\overline{b})^2}{N-1}$$

は変数 B の**標本分散**です．

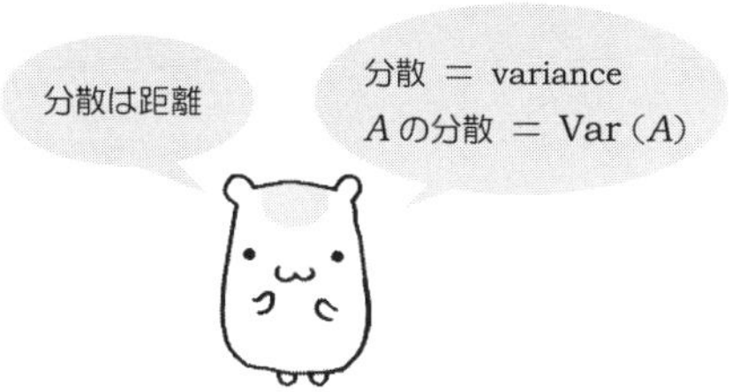
分散は距離
分散 ＝ variance
A の分散 ＝ Var (A)

そして

$$\frac{(a_1-\overline{a})\times(b_1-\overline{b})+(a_2-\overline{a})\times(b_2-\overline{b})+\cdots+(a_N-\overline{a})\times(b_N-\overline{b})}{N-1}$$

のことを

変数 A と変数 B の**標本共分散**

といいます．

この標本共分散は，2 変数 A，B の間の

広がりを表現する統計量

です．

標本　が
付かないときは…
分散の分母は N ですよ！
共分散の分母も N です

標本共分散の定義

次のデータ

No.	変数A	変数B
1	a_1	b_1
2	b_1	b_2
⋮	⋮	⋮
N	a_N	b_N

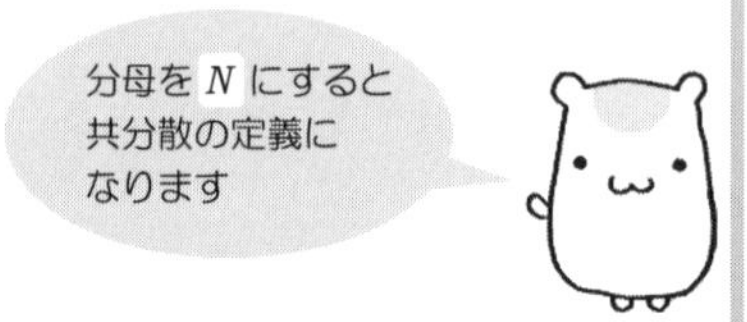
分母を N にすると
共分散の定義に
なります

に対して

$$\frac{(a_1-\overline{a})\times(b_1-\overline{b})+(a_2-\overline{a})\times(b_2-\overline{b})+\cdots+(a_N-\overline{a})\times(b_N-\overline{b})}{N-1}$$

を変数 A と変数 B の**標本共分散**といいます．

ところで，相関係数 r の式

$$\frac{(a_1-\overline{a})\times(b_1-\overline{b})+(a_2-\overline{a})\times(b_2-\overline{b})+\cdots+(a_N-\overline{a})\times(b_N-\overline{b})}{\sqrt{(a_1-\overline{a})^2+\cdots+(a_N-\overline{a})^2}\times\sqrt{(b_1-\overline{b})^2+\cdots+(b_N-\overline{b})^2}}$$

の分子，分母を $\boldsymbol{N-1}$ で割り算すると

$$=\frac{\dfrac{(a_1-\overline{a})\times(b_1-\overline{b})+(a_2-\overline{a})\times(b_2-\overline{b})+\cdots+(a_N-\overline{a})\times(b_N-\overline{b})}{N-1}}{\dfrac{\sqrt{(a_1-\overline{a})^2+\cdots+(a_N-\overline{a})^2}\times\sqrt{(b_1-\overline{b})^2+\cdots+(b_N-\overline{b})^2}}{N-1}}$$

$$=\frac{\dfrac{(a_1-\overline{a})\times(b_1-\overline{b})+(a_2-\overline{a})\times(b_2-\overline{b})+\cdots+(a_N-\overline{a})\times(b_N-\overline{b})}{N-1}}{\sqrt{\dfrac{(a_1-\overline{a})^2+\cdots+(a_N-\overline{a})^2}{N-1}}\times\sqrt{\dfrac{(b_1-\overline{b})^2+\cdots+(b_N-\overline{b})^2}{N-1}}}$$

となります．

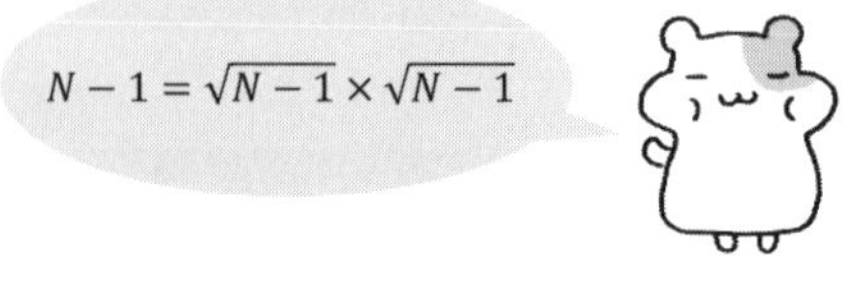
$N-1=\sqrt{N-1}\times\sqrt{N-1}$

したがって

$$\text{相関係数}\ r = \frac{\text{変数}\ A\ \text{と}\ B\ \text{の標本共分散}}{\sqrt{\text{変数}\ A\ \text{の標本分散}} \times \sqrt{\text{変数}\ B\ \text{の標本分散}}}$$

になっていることがわかりますね.

ところで

$$\sqrt{\text{変数}\ A\ \text{の標本分散}} = \text{変数}\ A\ \text{の標本標準偏差}$$

$$\sqrt{\text{変数}\ B\ \text{の標本分散}} = \text{変数}\ B\ \text{の標本標準偏差}$$

なので

$$\text{相関係数}\ r = \frac{\text{変数}\ A\ \text{と}\ B\ \text{の標本共分散}}{\text{変数}\ A\ \text{の標本標準偏差} \times \text{変数}\ B\ \text{の標本標準偏差}}$$

のようにも表すことができます.

標本 の２文字をとっても
相関係数は変わりません
$r = \frac{\mathrm{Cov}(A,B)}{\sqrt{\mathrm{Var}(A)} \times \sqrt{\mathrm{Var}(B)}}$

簡単だね〜
Excel 関数の相関係数なら
答え一発！
CORREL です

Section 6.5 散布図と相関係数と回帰直線の関係?!

相関係数 r は，$-1 \leqq r \leqq 1$ の間の値をとります．

散布図と相関係数と回帰直線の関係は，
次のようになります．

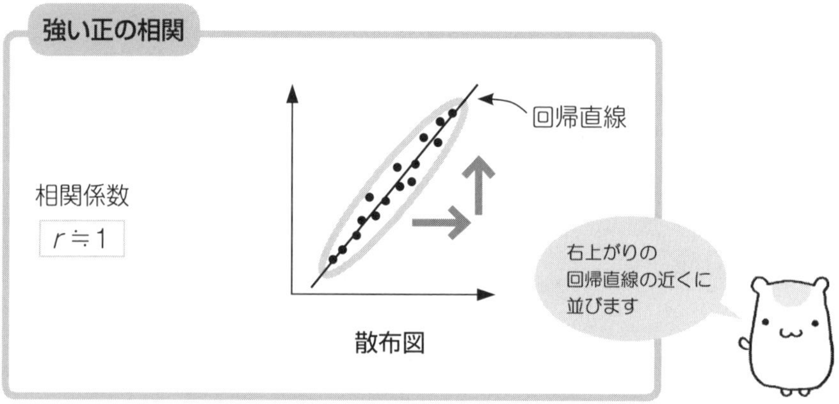

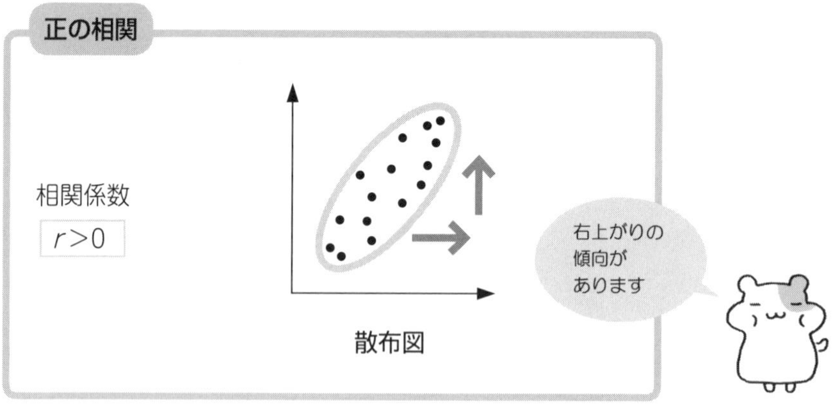

無相関

相関係数

$r \fallingdotseq 0$

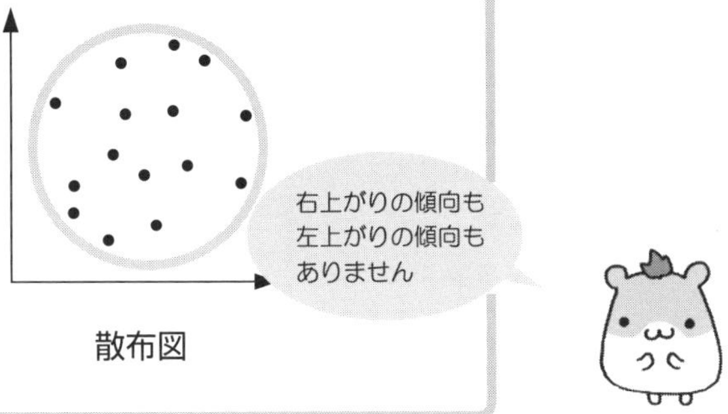
右上がりの傾向も
左上がりの傾向も
ありません
散布図

負の相関

相関係数

$r < 0$

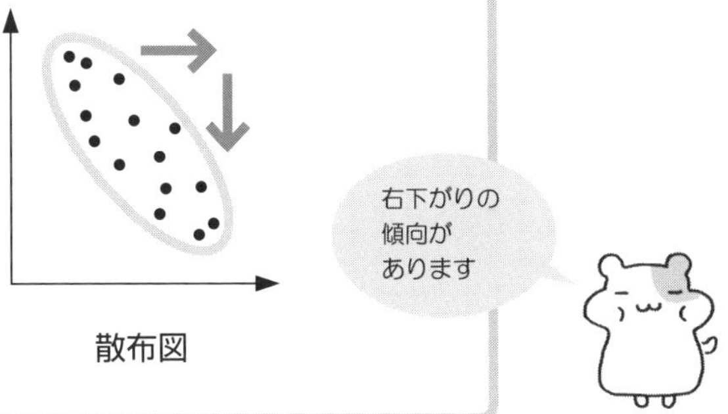
右下がりの
傾向が
あります
散布図

強い負の相関

相関係数

$r \fallingdotseq -1$

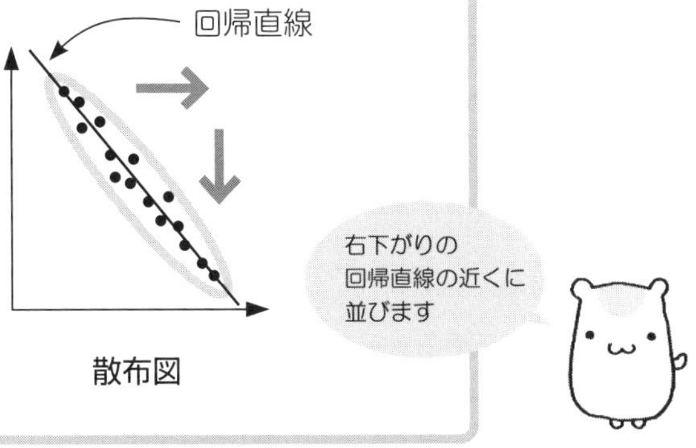
回帰直線
右下がりの
回帰直線の近くに
並びます
散布図

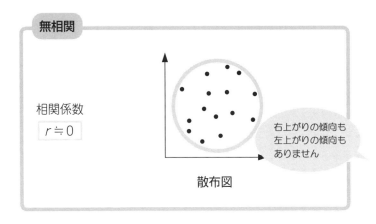

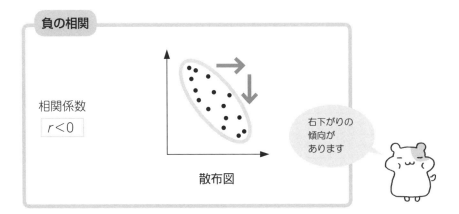

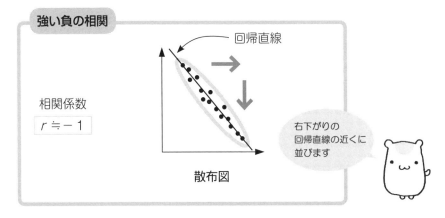

chapter 7

回帰直線をわかってナットク！

研究テーマが2変数 x, y データの場合

- 変数 x と変数 y の関係を調べたい
- 変数 x から変数 y を予測したい

ということがよくあります．

このようなとき……

> 変数 x を原因
> 変数 y を結果 } として，x と y の因果関係を研究する

この統計処理が **回帰分析** です．

回帰分析の出発点は，散布図と相関係数です．

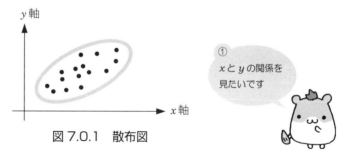

❶ 散布図 は……

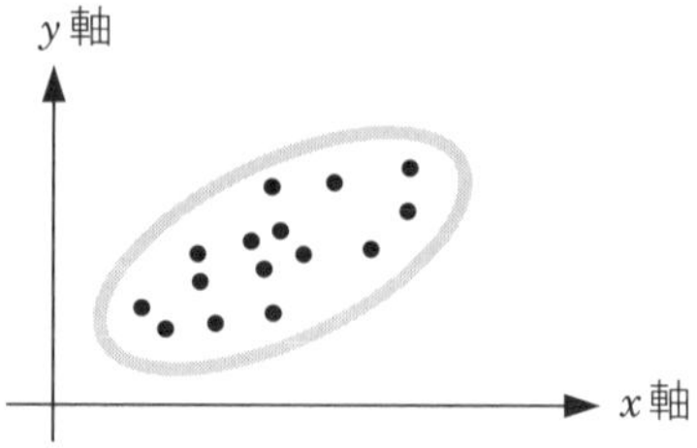

図 7.0.1　散布図

❷ 相関係数 は……

$$r=\frac{\sum_{i=1}^{N}(x_i-\bar{x})\times(y_i-\bar{y})}{\sqrt{\sum_{i=1}^{N}(x_i-\bar{x})^2}\times\sqrt{\sum_{i=1}^{N}(y_i-\bar{y})^2}}$$

❸ その次は， 回帰直線 と予測ですね．

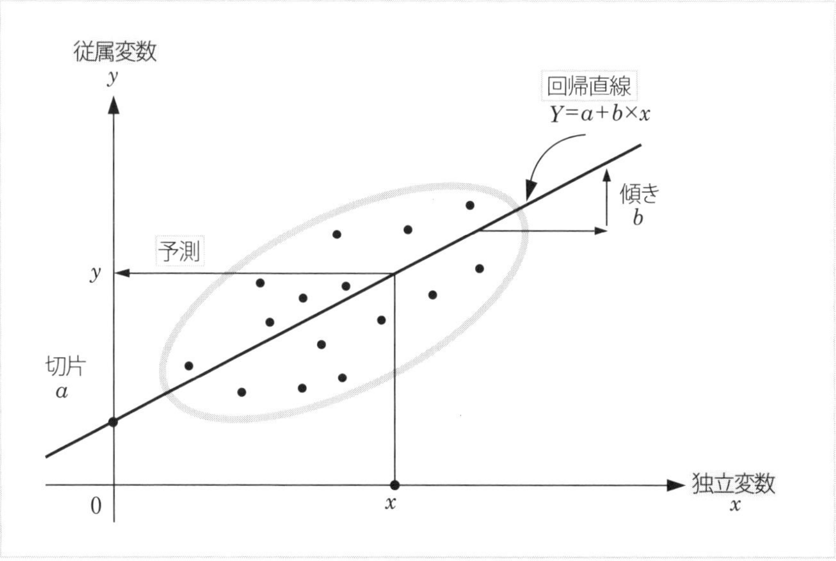

図 7.0.2　散布図と回帰直線

そこで，この

回帰直線

を求めてみましょう！

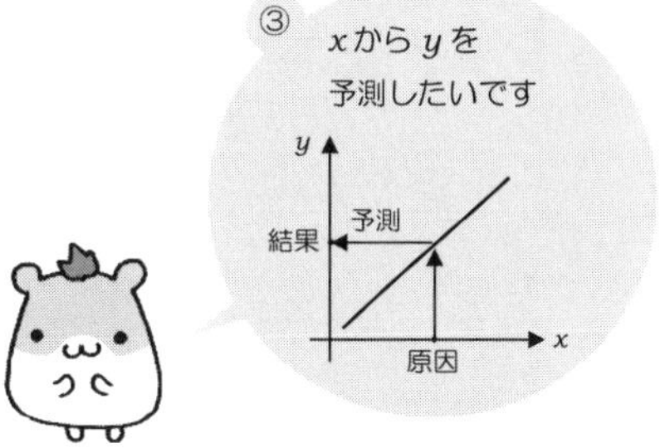

Section 7.1 回帰直線はどれ？

2 変数データが与えられたとき，そのデータに

最適な回帰直線

を探しましょう．

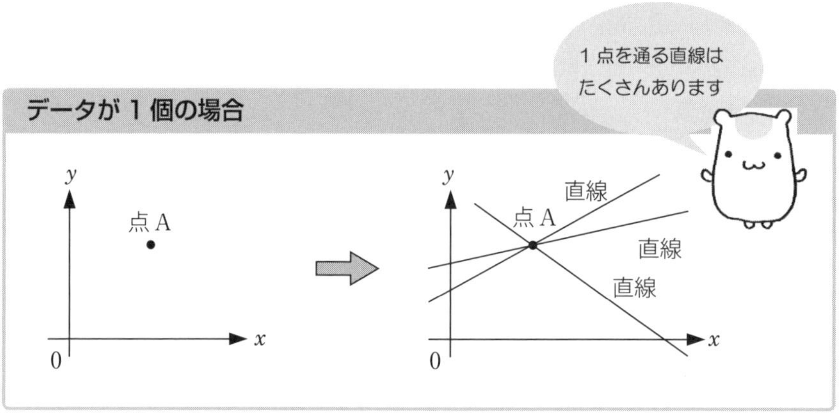

図 7.1.1　1 点を通る……

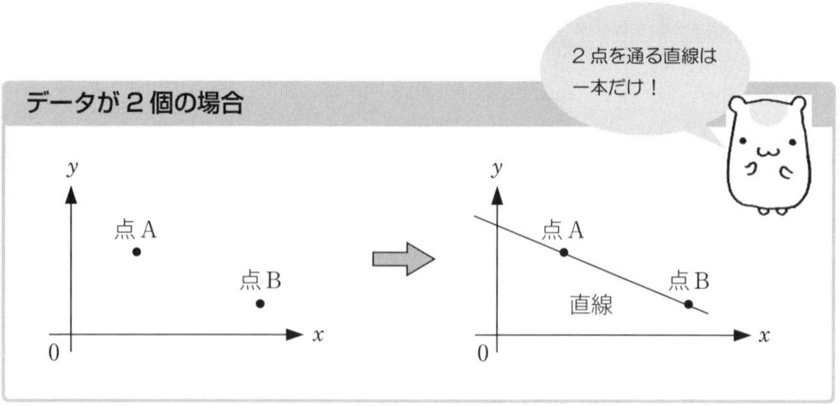

図 7.1.2　2 点を通る！

データが3個以上の場合

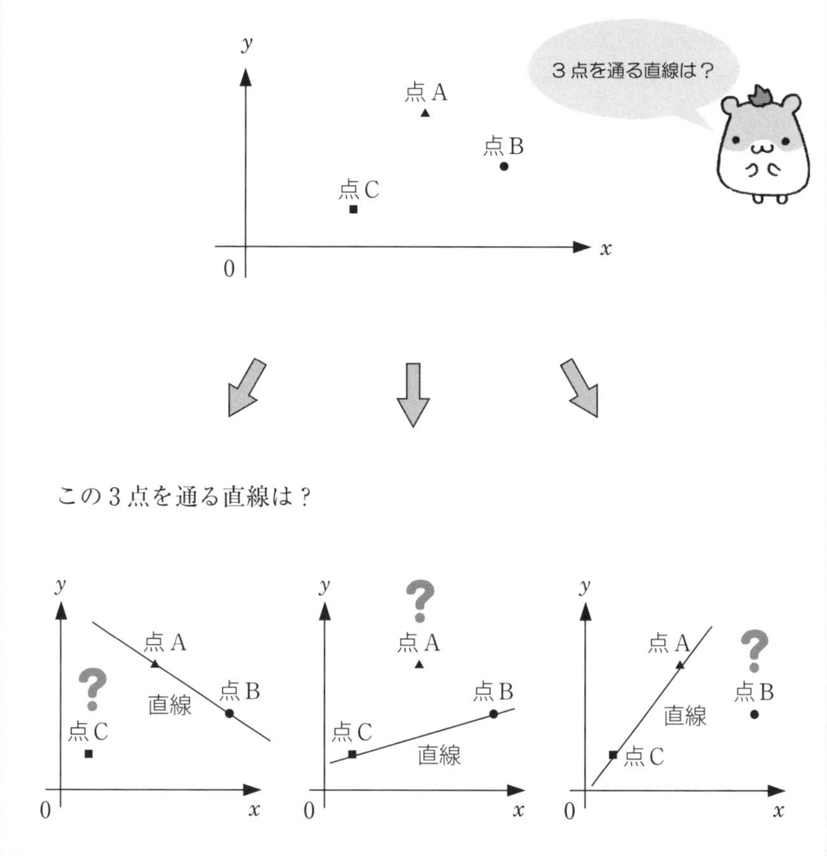

図7.1.3　3点を通る??

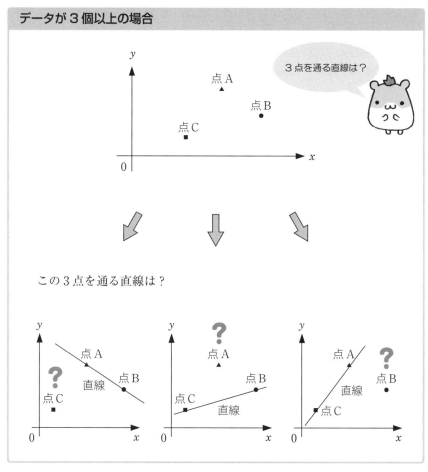

どの2点を通る直線を描いてみても，
3番目の点が直線からはずれてしまいます．

では，どのようにして回帰直線を求めればいいのでしょうか？

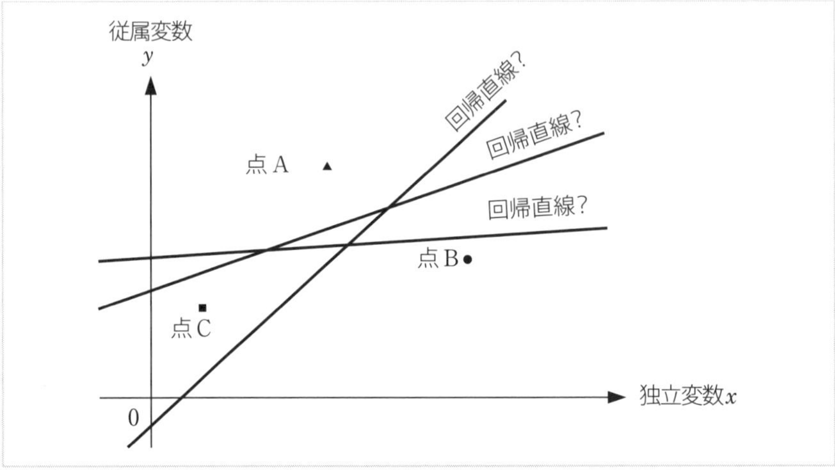

図 7.1.4　回帰直線の選択

このようなときは，出発点に戻りましょう．

この回帰直線を求めて，何をしたいのでしょうか？

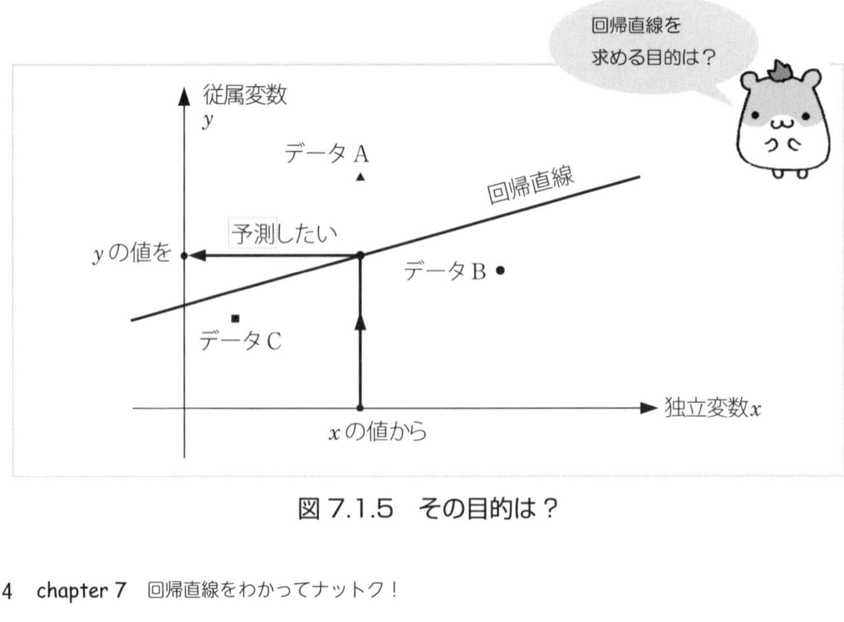

図 7.1.5　その目的は？

それは

変数 x から変数 y の予測

です.

ということは

予測に役に立つ回帰直線

を求めなくてはなりません.

予測に役に立つということは

誤差が小さい

ということですね.

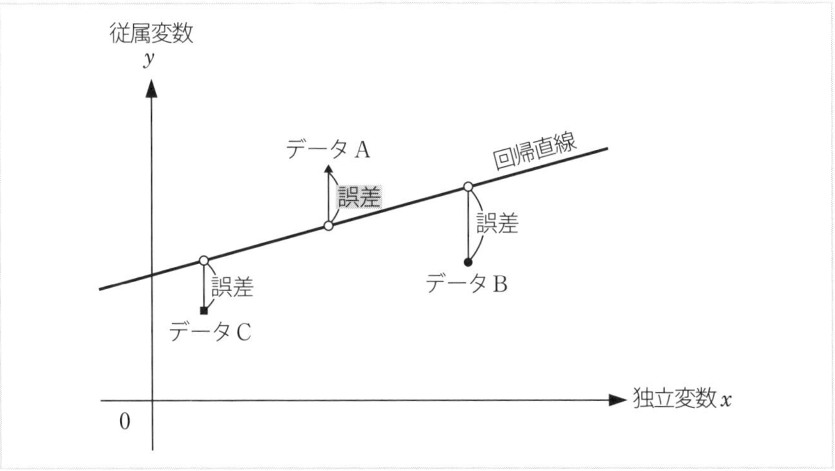

図 7.1.6　誤差がいっぱい

Section 7.2 最小2乗法で回帰直線を！

誤差とは **実測値－予測値** のことです．

回帰直線を

$$Y = a + b \times x$$

とすれば，

データ（8.2，57）の場合

実測値＝ 57

予測値＝ $a + b \times 8.2$

となるので

誤差＝ 57 － （$a + b \times 8.2$）

となります．

表 7.2.1　3個のデータ

x	y
7.6	48
8.2	57
9.6	58

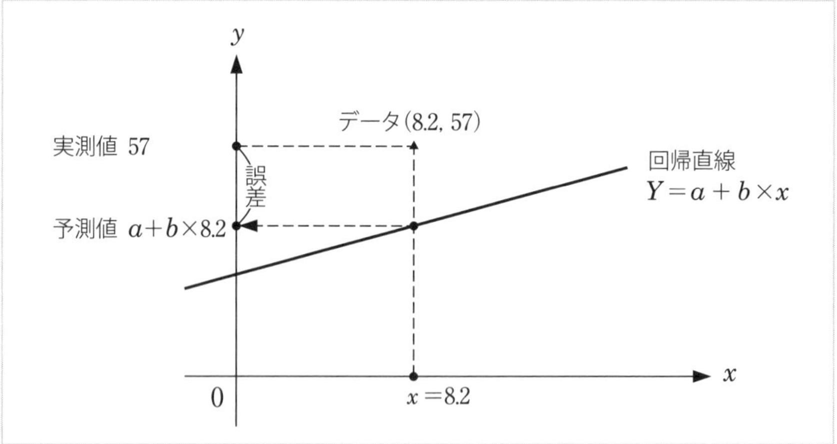

図 7.2.1　実測値－予測値

ということは

最適な回帰直線

とは

誤差が最も小さくなる回帰直線

ですね．

したがって，次の誤差（残差）において……

表 7.2.2　3 個の誤差

実測値 y	予測値 Y	誤差（残差）
48	$a + b \times 7.6$	$48 - (a + b \times 7.6)$
57	$a + b \times 8.2$	$57 - (a + b \times 8.2)$
58	$a + b \times 9.6$	$58 - (a + b \times 9.6)$

誤差の 2 乗和 Q

$$Q = (48-(a + b \times 7.6))^2 + (57-(a + b \times 8.2))^2 + (58-(a + b \times 9.6))^2$$

が最小になる

回帰係数 b と定数項 a

を求めればいいわけです．

この方法と
最小 2 乗法と
いいます

散布図
バブル
その他の散布図(M)...
ここ
Excel で回帰直線を
描くときは
散布図を利用します

回帰直線を求める公式

独立変数 ↓　　従属変数 ↓

No.	x	y	x^2	$x \times y$
1	x_1	y_1	${x_1}^2$	$x_1 \times y_1$
2	x_2	y_2	${x_2}^2$	$x_2 \times y_2$
⋮	⋮	⋮	⋮	⋮
N	x_N	y_N	${x_N}^2$	$x_N \times y_N$
合計	$\sum_{i=1}^{N} x_i$	$\sum_{i=1}^{N} y_i$	$\sum_{i=1}^{N} {x_i}^2$	$\sum_{i=1}^{N} x_i \times y_i$

に対して，

回帰係数 b は

$$b = \frac{N \times \left(\sum_{i=1}^{N} x_i \times y_i\right) - \left(\sum_{i=1}^{N} x_i\right) \times \left(\sum_{i=1}^{N} y_i\right)}{N \times \left(\sum_{i=1}^{N} {x_i}^2\right) - \left(\sum_{i=1}^{N} x_i\right)^2}$$

となります．

定数項 a は

$$a = \frac{N \times \left(\sum_{i=1}^{N} {x_i}^2\right) \times \left(\sum_{i=1}^{N} y_i\right) - \left(\sum_{i=1}^{N} x_i \times y_i\right) \times \left(\sum_{i=1}^{N} x_i\right)}{N \times \left(\sum_{i=1}^{N} {x_i}^2\right) - \left(\sum_{i=1}^{N} x_i\right)^2}$$

となります．

Excel 関数なら
回帰直線 … SLOPE（ ： ）
定数項 … INTERCEPT（ ： ）

Section 7.3 回帰直線を求めましょう

次のデータの
回帰直線
を求めましょう.

表 7.3.1

No.	体長 x	体重 y
1	7.6	48
2	8.2	57
3	9.6	58
4	7.1	44
5	10.3	56
6	8.5	36
7	9.3	60
8	10.6	61

回帰直線

$$Y = a + b \times x$$

Yは予測値です
yは実測値

の回帰係数 b は，公式

$$b = \frac{N \times \left(\sum_{i=1}^{N} x_i \times y_i \right) - \left(\sum_{i=1}^{N} x_i \right) \times \left(\sum_{i=1}^{N} y_i \right)}{N \times \left(\sum_{i=1}^{N} {x_i}^2 \right) - \left(\sum_{i=1}^{N} x_i \right)^2}$$

を使って計算します.

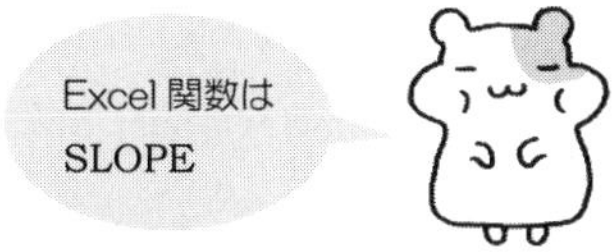
Excel 関数は
SLOPE

定数項 a は，公式

$$a=\frac{\left(\sum_{i=1}^{N} {x_i}^2\right)\times\left(\sum_{i=1}^{N} y_i\right)-\left(\sum_{i=1}^{N} x_i\times y_i\right)\times\left(\sum_{i=1}^{N} x_i\right)}{N\times\left(\sum_{i=1}^{N} {x_i}^2\right)-\left(\sum_{i=1}^{N} x_i\right)^2}$$

を使って計算します．

はじめに，次の 4 つの合計

$\sum_{i=1}^{N} x_i$　$\sum_{i=1}^{N} y_i$　$\sum_{i=1}^{N} {x_i}^2$　$\sum_{i=1}^{N} x_i\times y_i$

を求めておきます．そこで……

次のような表を用意しましょう．

表 7.3.2　回帰直線を求めるための表

No.	x	y	x^2	y^2	$x\times y$
1	7.6	48			
2	8.2	57			
3	9.6	58			
4	7.1	44			
5	10.3	56			
6	8.5	36			
7	9.3	60			
8	10.6	61			
合計					

Excelを
利用すると
簡単に次の表を
作れますね
ところで
回帰直線のときは
$\sum y_i^2$
を使いません

	A	B	C	D	E	F
1	No.	X	Y	XX	YY	XY
2	1	7.6	48	57.76	2304	364.8
3	2	8.2	57	67.24	3249	467.4
4	3	9.6	58	92.16	3364	556.8
5	4	7.1	44	50.41	1936	312.4
6	5	10.3	56	106.09	3136	576.8
7	6	8.5	36	72.25	1296	306
8	7	9.3	60	86.49	3600	558
9	8	10.6	61	112.36	3721	646.6
10	合計	71.2	420	644.76	22606	3788.8
		↑	↑	↑	↑	↑
		$\sum_{i=1}^{N} x_i$	$\sum_{i=1}^{N} y_i$	$\sum_{i=1}^{N} x_i^2$	$\sum_{i=1}^{N} y_i^2$	$\sum_{i=1}^{N} x_i \times y_i$

この表から，4 つの合計は

- $\sum_{i=1}^{N} x_i = 71.2$
- $\sum_{i=1}^{N} y_i = 420$
- $\sum_{i=1}^{N} x_i^2 = 644.76$
- $\sum_{i=1}^{N} x_i \times y_i = 3788.8$

となりました．そこで……

でも，相関係数を
求めるときには
$\sum_{i=1}^{N} y_i^2$
を使いますよ

この 4 つの合計を回帰直線の公式に代入すると

回帰係数 b は

$$b = \frac{\blacksquare \times \rule{1.5cm}{0.3cm} - \rule{1cm}{0.3cm} \times \rule{0.8cm}{0.3cm}}{\blacksquare \times \rule{1cm}{0.3cm} - (\rule{1cm}{0.3cm})^2} = \frac{8 \times 3788.8 - 71.2 \times 420}{8 \times 644.76 - (71.2)^2}$$
$$= 4.58$$

　定数項 a は

$$a = \frac{\rule{1.5cm}{0.3cm} \times \rule{0.8cm}{0.3cm} - \rule{1.5cm}{0.3cm} \times \rule{0.8cm}{0.3cm}}{\blacksquare \times \rule{1cm}{0.3cm} - (\rule{1cm}{0.3cm})^2} = \frac{644.76 \times 420 - 3788.8 \times 71.2}{8 \times 644.76 - (71.2)^2}$$
$$= 11.69$$

となります.

　したがって，求める回帰直線の式は

$$Y = 11.69 + 4.58 \times x$$

となりました.

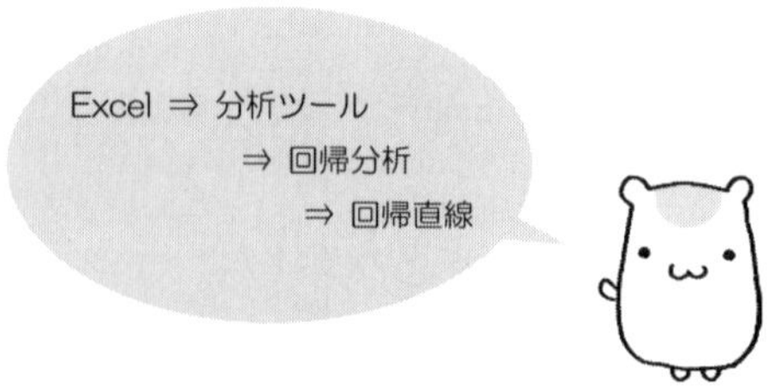

Excel ⇒ 分析ツール
⇒ 回帰分析
⇒ 回帰直線

Section 7.4 回帰係数と標本共分散の関係？!

ところで，

回帰係数 b の別の表現

はないのでしょうか？

そこで，回帰直線の式

$$Y = a + b \times x$$

に注目して

独立変数 x と予測値 Y の標本共分散

と

独立変数 x と実測値 y の標本共分散

を比べてみることにしましょう．

表 7.4.1　独立変数・実測値・予測値

No.	独立変数 x	実測値 y	予側値 Y
1	x_1	y_1	$Y_1 = a + b \times x_1$
2	x_2	y_2	$Y_2 = a + b \times x_2$
⋮	⋮	⋮	⋮
N	x_N	y_N	$Y_N = a + b \times x_N$
平均	$\bar{x}$	$\bar{y}$	$\bar{Y} = a + b \times \bar{x}$

↑
従属変数

回帰分析では，

予測値 Y は実測値 y に一致してほしい

と思っています．つまり

予測値 Y ＝ 実測値 y ？

というわけです．

ということは，標本共分散についても

独立変数 x と予測値 Y の標本共分散 ＝ 独立変数 x と実測値 y の標本共分散

が成り立つといいですね！

標本共分散のはなしは
p.106 だったね！

そこで

$$\text{独立変数 } x \text{ と予測値 } Y \text{ の標本共分散} = \frac{\sum_{i=1}^{N}(x_i - \bar{x}) \times (Y_i - \bar{Y})}{N-1}$$

と

$$\text{独立変数 } x \text{ と実測値 } y \text{ の標本共分散} = \frac{\sum_{i=1}^{N}(x_i - \bar{x}) \times (y_i - \bar{y})}{N-1}$$

が等しいとすると……

$$\frac{\sum_{i=1}^{N}(x_i - \bar{x}) \times (Y_i - \bar{Y})}{N-1} = \frac{\sum_{i=1}^{N}(x_i - \bar{x}) \times (y_i - \bar{y})}{N-1}$$

となります．

このとき

$$Y_i = a + b \times x_i \quad , \quad \overline{Y} = a + b \times \overline{x}$$

なので

$$\frac{\sum_{i=1}^{N}(x_i - \overline{x}) \times ((a + b \times x_i) - (a + b \times \overline{x}))}{N-1} = \frac{\sum_{i=1}^{N}(x_i - \overline{x}) \times (y_i - \overline{y})}{N-1}$$

$$\frac{\sum_{i=1}^{N}(x_i - \overline{x}) \times (b \times x_i - b \times \overline{x})}{N-1} = \frac{\sum_{i=1}^{N}(x_i - \overline{x}) \times (y_i - \overline{y})}{N-1}$$

$$\frac{\sum_{i=1}^{N} b \times (x_i - \overline{x})^2}{N-1} = \frac{\sum_{i=1}^{N}(x_i - \overline{x}) \times (y_i - \overline{y})}{N-1}$$

$$b \times \frac{\sum_{i=1}^{N}(x_i - \overline{x})^2}{N-1} = \frac{\sum_{i=1}^{N}(x_i - \overline{x}) \times (y_i - \overline{y})}{N-1}$$

したがって

$$\text{回帰係数}\ b = \frac{\dfrac{\sum_{i=1}^{N}(x_i - \overline{x}) \times (y_i - \overline{y})}{N-1}}{\dfrac{\sum_{i=1}^{N}(x_i - \overline{x})^2}{N-1}} = \frac{x\ \text{と}\ y\ \text{の標本共分散}}{x\ \text{の標本分散}}$$

となりました．

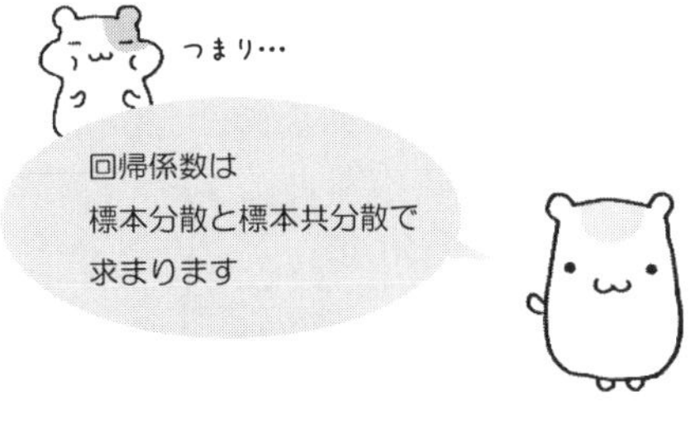

つまり…
回帰係数は
標本分散と標本共分散で
求まります

Section 7.5 相関係数と回帰係数の関係は？!

相関係数と回帰係数の間に，
何か関連はないのでしょうか？

散布図と回帰直線をながめていると，

$$傾き\ b > 0 \iff 相関係数\ r > 0$$

$$傾き\ b < 0 \iff 相関係数\ r < 0$$

となっているので，何か関係がありそうです．

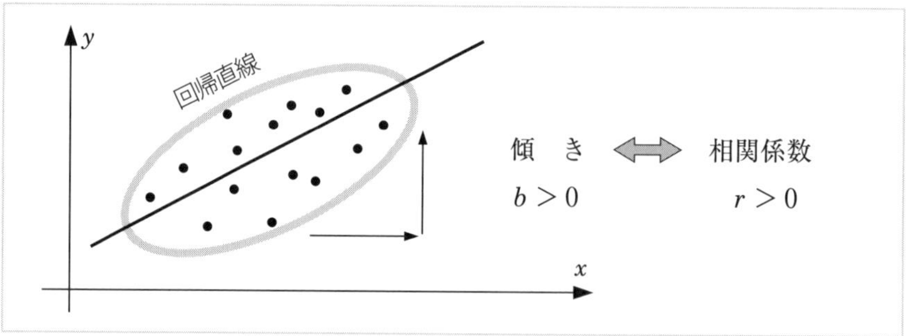

図 7.5.1　傾きが正

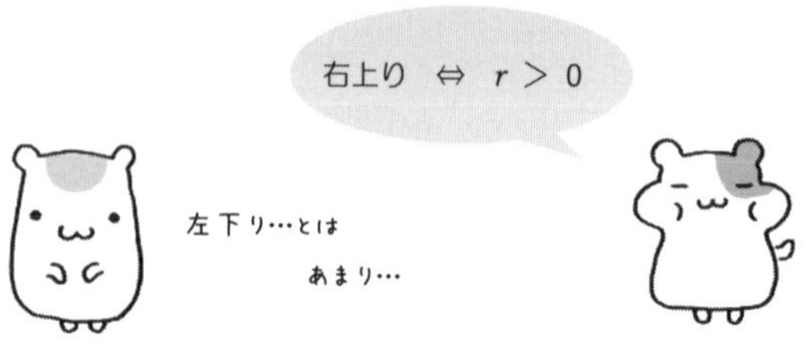

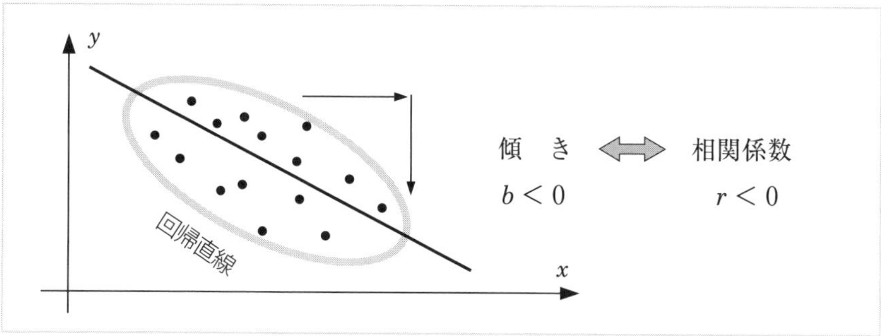

図 7.5.2　傾きが負

さらに，

$$\text{相関係数} = \frac{x\text{と}y\text{の標本共分散}}{\sqrt{x\text{の標本分散}} \times \sqrt{y\text{の標本分散}}}$$

$$\text{回帰係数} = \frac{x\text{と}y\text{の標本共分散}}{x\text{の標本分散}}$$

なので，相関係数と回帰係数は似ていますね！

このとき，

x の標本分散＝1　　　y の標本分散＝1

になるとしたら

相関係数＝回帰係数

が成り立ちそうです．

この等号を確認してみましょう!!

データの標準化をしてみると…

はじめに，ペットハムスターの体長と体重を標準化します．

データの標準化は，Excel 関数を使います．

$$\text{データ} \longmapsto \frac{\text{データ} - \text{AVERAGE}}{\text{STDEV.S}}$$

表 7.5.1　Excel 関数による標準化

No.	体長 x	体重 y	標準化された体長 sx	標準化された体重 sy
1	7.6	48	−1.0333	−0.5049
2	8.2	57	−0.5564	0.5049
3	9.6	58	0.5564	0.6171
4	7.1	44	−1.4307	−0.9537
5	10.3	56	1.1128	0.3927
6	8.5	36	−0.3179	−1.8514
7	9.3	60	0.3179	0.8415
8	10.6	61	1.3512	0.9537
		合計	?	?

標準化された体長や体重の
平均値が 0　標本分散が 1
になっていることを
確認しましょう！

標準化されたデータの標本分散と標本共分散を求めてみると…

次に，標準化されたデータの標本分散と標本共分散を求めてみましょう．

表 7.5.2

No.	標準化された体長 sx	標準化された体重 sy	$(sx)^2$	$(sy)^2$	$sx \times sy$
1	−1.0333	−0.5049	1.0677	0.2549	0.5217
2	−0.5564	0.5049	0.3096	0.2549	−0.2809
3	0.5564	0.6171	0.3096	0.3808	0.3434
4	−1.4307	−0.9537	2.0469	0.9096	1.3645
5	1.1128	0.3927	1.2383	0.1542	0.4370
6	−0.3179	−1.8514	0.1011	3.4276	0.5886
7	0.3179	0.8415	0.1011	0.7082	0.2676
8	1.3512	0.9537	1.8258	0.9096	1.2887
合計	0.0000	0.0000	7.0000	7.0000	4.5306

標準化されたデータの標本分散は

$$\mathrm{Var}(sx) = \frac{8 \times 7.0000 - 0.0000 \times 0.0000}{8 \times (8-1)}$$

$$= 1.0000$$

$$\mathrm{Var}(sy) = \frac{8 \times 7.0000 - 0.0000 \times 0.0000}{8 \times (8-1)}$$

$$= 1.0000$$

標準化されたデータの標本共分散は

$$\mathrm{COV}(sx, sy) = \frac{8 \times 4.5306 - 0.0000 \times 0.0000}{8 \times (8-1)}$$

$$= 0.6472$$

標準化されたデータの相関係数を求めてみると…

次に，標準化されたデータの相関係数を求めてみましょう．

表 7.5.3

No.	標準化された体長 sx	標準化された体重 sy	$(sx)^2$	$(sy)^2$	$sx \times sy$
1	−1.0333	−0.5049	1.0677	0.2549	0.5217
2	−0.5564	0.5049	0.3096	0.2549	−0.2809
3	0.5564	0.6171	0.3096	0.3808	0.3434
4	−1.4307	−0.9537	2.0469	0.9096	1.3645
5	1.1128	0.3927	1.2383	0.1542	0.4370
6	−0.3179	−1.8514	0.1011	3.4276	0.5886
7	0.3179	0.8415	0.1011	0.7082	0.2676
8	1.3512	0.9537	1.8258	0.9096	1.2887
合計	0.0000	0.0000	7.0000	7.0000	4.5306

標準化されたデータの相関係数は

$$\mathrm{CORREL}(sx, sy) = \frac{8 \times 4.5306 - 0.0000 - 0.0000}{\sqrt{8 \times 7.0000 - 0.0000^2} \times \sqrt{8 \times 7.0000 - 0.0000^2}}$$

$$= 0.6472$$

となります．

標準化されたデータの回帰係数を求めてみると…

最後に，標準化されたデータの回帰係数を求めてみましょう．

標準化されたデータの回帰係数は

$$\mathrm{SLOPE}(sy,\ sx) = \frac{8 \times 4.5306 - 0 \times 0}{8 \times 7.0000 - 0^2} = 0.6472$$

となります．

ということは？

ということは，……

データを標準化すると

標本 共分散 ＝ 相関係数 ＝ 回帰係数

が成り立つということですね！

有効数字の
ケタ数が少ないと
３つの数値は
一致しません！

chapter 8

正規分布のグラフを求めて！

統計学で登場する確率分布といえば，誰が何といっても

正規分布

ですね！

なんだろう？
この式??
この分布???

正規分布は

統計的推定　や　統計的検定

をおこなうとき，大前提となる大切な確率分布です．

ところが，正規分布を理解しようとするときに困ること，
それは次の式です．

$$\frac{1}{\sigma\sqrt{2\pi}}\,e^{-\frac{1}{2}\left(\frac{x-\mu}{\sigma}\right)^2}$$

この式は，正規分布の定義式ですが，

- ナポレオンの帽子
- 富士山の形

に関係があるといわれています．

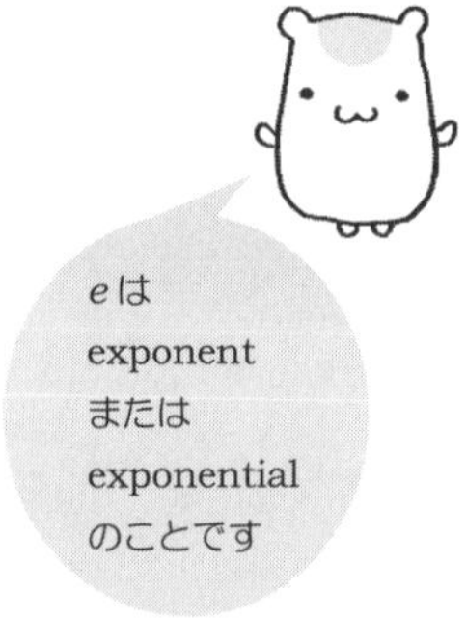
eは
exponent
または
exponential
のことです

どのような関係があるのでしょうか？

Section 8.1 ナポレオンの帽子？!

ナポレオンの帽子とは，次のような帽子ですね！

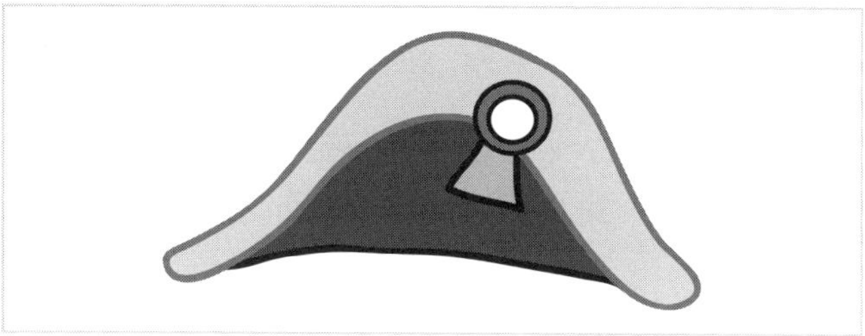

図 8.1.1　ナポレオンの帽子

この帽子の曲線が正規分布のグラフと関係があります．

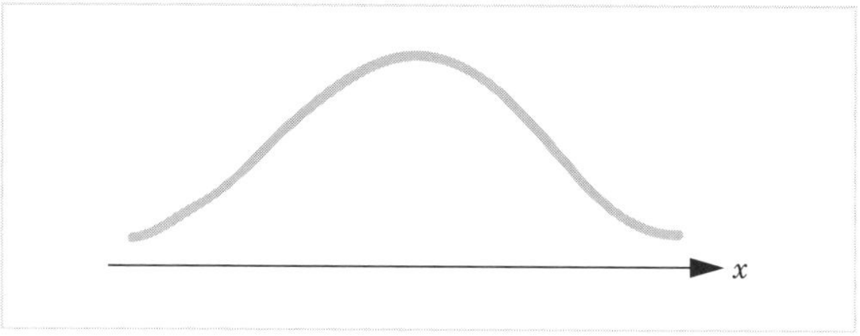

図 8.1.2　正規分布のグラフ？

図 8.1.3　讃岐富士

Section 8.2 1次関数のグラフを描きましょう

それでは，
次の曲線を表す関数 $f(x)$ を
探してみましょう.

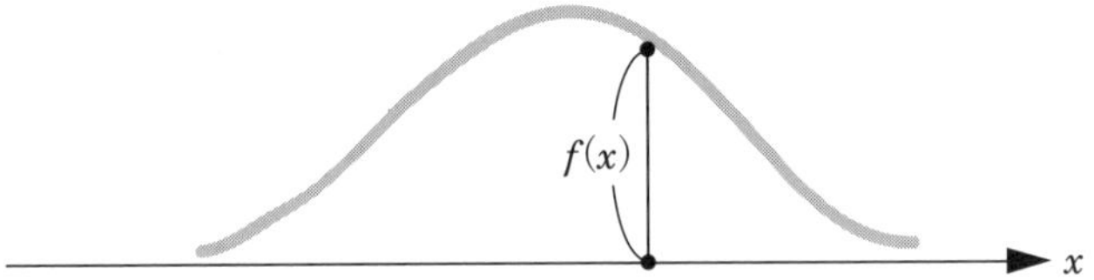

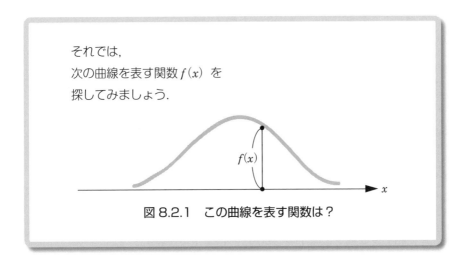

図 8.2.1　この曲線を表す関数は？

どのような関数を使うと，
図 8.2.1 のような曲線を描くことができる
のでしょうか？

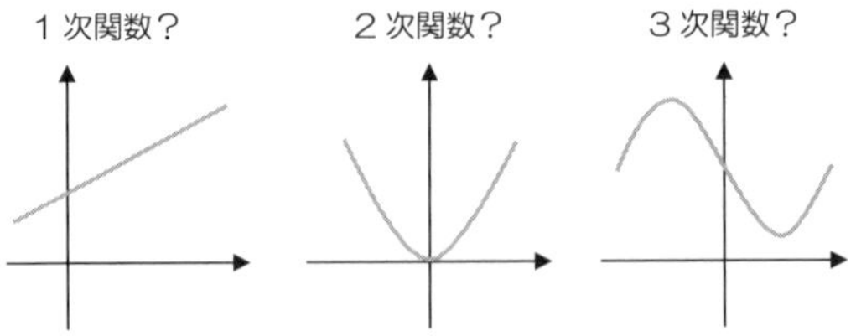

そこで，今までに習ってきた関数を思い出すと……

中学生のとき

1 次関数　$f(x) = ax + b$

2 次関数　$f(x) = ax^2 + bx + c$

$f(x) = x^2$

$f(x) = -x^2$

双曲線　$f(x) = \dfrac{a}{x}$

高校生のとき

3次関数　$f(x) = ax^3 + bx^2 + cx + d$

三角関数　$f(x) = \sin x$

$f(x) = \cos x$

$f(x) = \tan x$

指数関数　$f(x) = e^x$

$f(x) = e^{-x}$

対数関数　$f(x) = \log x$

1 次関数のグラフ

はじめに，1 次関数

$$f(x) = 2x+3$$

のグラフを描いてみましょう.

この 1 次関数の $f(x)$ の値は，次のようになります.

表 8.2.1　1 次関数 $f(x)$ の値

x	$f(x)$
−5	−7
−4	−5
−3	−3
−2	−1
−1	1
0	3
1	5
2	7
3	9
4	11
5	13

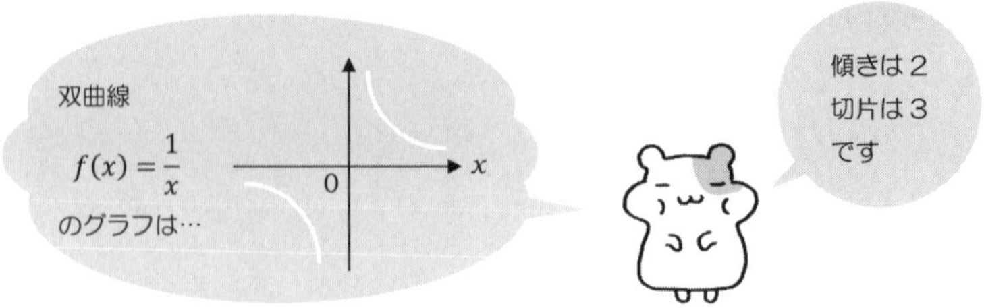
双曲線
$f(x) = \frac{1}{x}$
のグラフは…
0
x
傾きは 2
切片は 3
です

したがって，この１次関数のグラフを描くと
次のようになります．

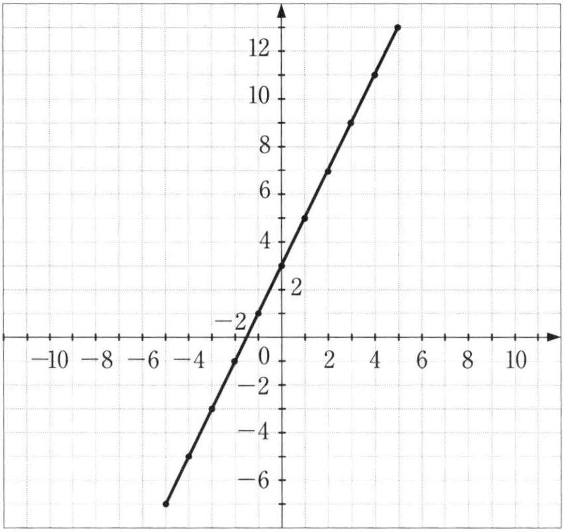

図 8.2.2　１次関数 $f(x) = 2x+3$ のグラフ

でも，この１次関数のグラフは，ナポレオンの帽子からは，
ほど遠いですね．

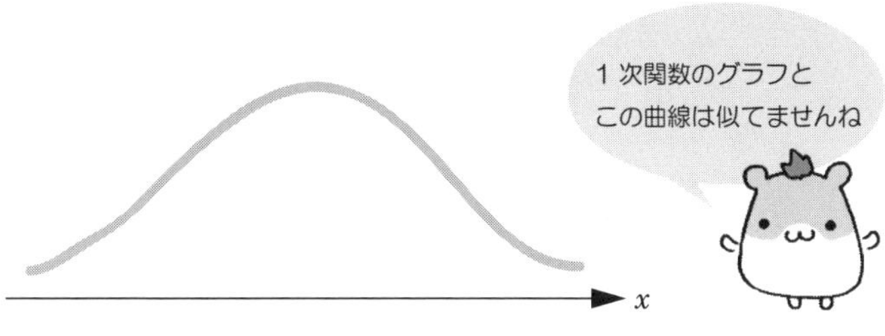

x
1 次関数のグラフと
この曲線は似てませんね

図 8.2.3　ナポレオンの帽子

Section 8.3 2次関数のグラフを描いてみると

2次関数のグラフ

次に，2次関数

$$f(x) = x^2 - 3x + 4$$

のグラフを描いてみることにしましょう.

この2次関数の $f(x)$ の値は，次のようになります.

表8.3.1 2次関数 $f(x)$ の値

x	$f(x)$
−5	44
−4	32
−3	22
−2	14
−1	8
0	4
1	2
2	2
3	4
4	8
5	14

したがって，この2次関数のグラフを描くと次のようになります．

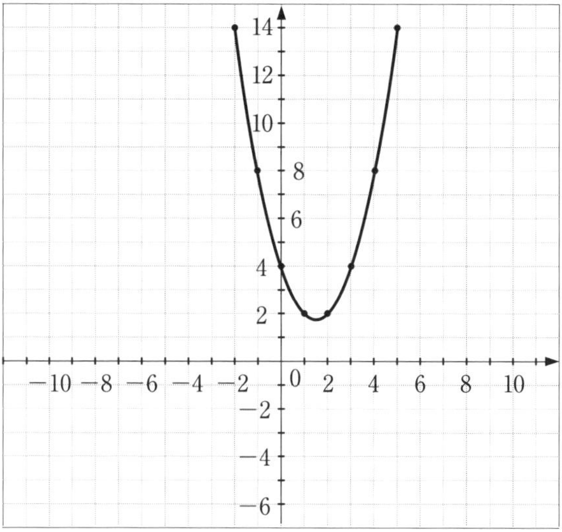

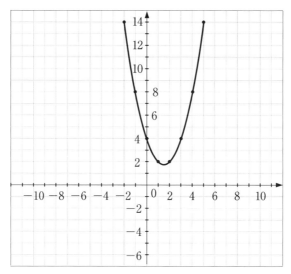

図 8.3.1　2次関数 $f(x) = x^2 - 3x + 4$ のグラフ

この2次関数のグラフも，ナポレオンの帽子と異なっています．

でも……

少し似ている部分もあります．

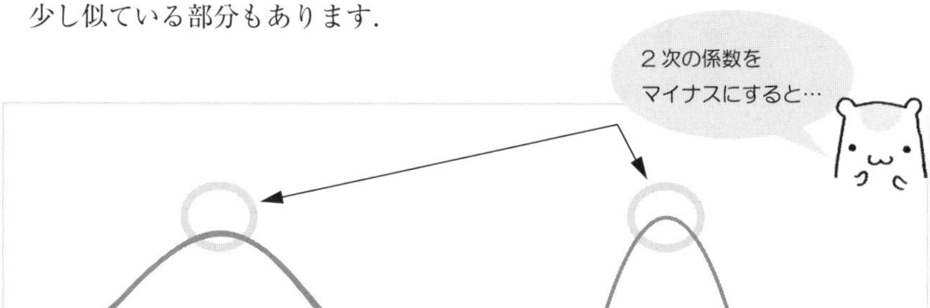

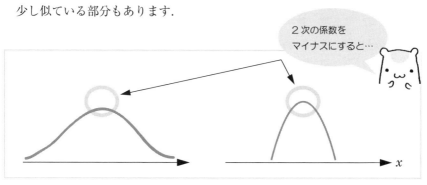

図 8.3.2　中心部分が似ている

Section 8.4 指数関数のグラフって？

指数関数のグラフ

さらに，指数関数

$$f(x) = e^x$$

のグラフを描いてみることにしましょう.

はじめに，$f(x)$の値を計算します.

表 8.4.1　$f(x) = e^x$ の値？

x	$f(x)$
−3	e^{-3}
−2	e^{-2}
−1	e^{-1}
0	e^{0}
1	e^{1}
2	e^{2}
3	e^{3}

この計算
どうするの？

ところが……
この計算のし方がわかりません.
指数関数 $f(x) = e^x$ のグラフを描くためには

$$e = ?$$

の正体を知っておく必要があります.

aをn回かけ算することを
$\overbrace{a \times a \times \cdots \times a}^{n回} = a^n$
のように表します

そこで

e の正体

を調べることにしましょう.

数学の本を開いて見ると

$$e = 2.718281828459045235360287471352\cdots$$

と書いてあります.

大数学者オイラーによる e の定義は，次の通りです.

e の定義

$$e = \lim_{n \to \infty}\left(1 + \frac{1}{n}\right)^n$$

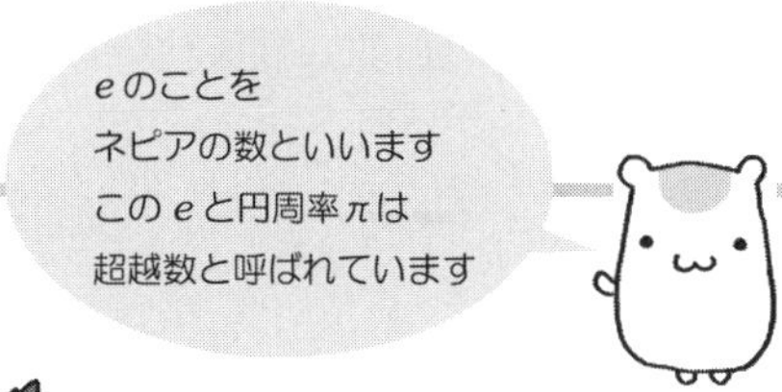
e のことを
ネピアの数といいます
この e と円周率 π は
超越数と呼ばれています

π は
Yes. I have a number
3 1 4 1 6

指数関数

$f(x) = e^x$ のことを $f(x) = exp(x)$ と表します

Excel で，e の値を求めてみると……

	A	B	C
1	n	(1+1/n)^n	
2	1	2	
3	10	2.593742	
4	100	2.704814	
5	1000	2.716924	
6	10000	2.718146	
7	100000	2.718268	
8	1000000	2.718280	
9	10000000	2.718282	

=(1+1/A2)^A2

n を大きくすると
次第にある値に近づきます
その値が e ですね

そこで，Excel の関数 exp を使い

2.718282^x と $\exp(x)$

の値を比べてみましょう．

	A	B	C	D
1	x	2.718282^x	exp(x)	
2	−3	0.049787	0.049787	
3	−2	0.135335	0.135335	
4	−1	0.367879	0.367879	
5	0	1.000000	1.000000	
6	1	2.718282	2.718282	
7	2	7.389057	7.389056	
8	3	20.085541	20.085537	

それでは，指数関数

$$f(x) = \exp(x)$$

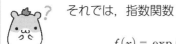

のグラフを描いてみることにしましょう．

$\exp(x)$ の値の計算は，Excel にまかせて……

手順❶ 次のように入力しておきます．

	A	B	C
1	x	exp(x)	
2	−3		
3	−2.5		
4	−2		
5	−1.5		
6	−1		
7	−0.5		
8	0		
9	0.5		
10	1		
11	1.5		
12	2		
13	2.5		
14	3		

この本では
Excel 2019 を
使っています

手順❷ B2 のセルに ＝EXP（A2） と入力して ↵

	A	B	C
1	x	exp(x)	
2	-3	=EXP(A2)	
3	-2.5		
4	-2		
5	-1.5		

手順❸ B2 のセルをコピーして，B3 から B14 まで貼り付けます．

	A	B	C
1	x	exp(x)	
2	-3	0.049787	
3	-2.5	0.082085	
4	-2	0.135335	
5	-1.5	0.223130	
6	-1	0.367879	
7	-0.5	0.606531	
8	0	1.000000	
9	0.5	1.648721	
10	1	2.718282	
11	1.5	4.481689	
12	2	7.389056	
13	2.5	12.182494	
14	3	20.085537	

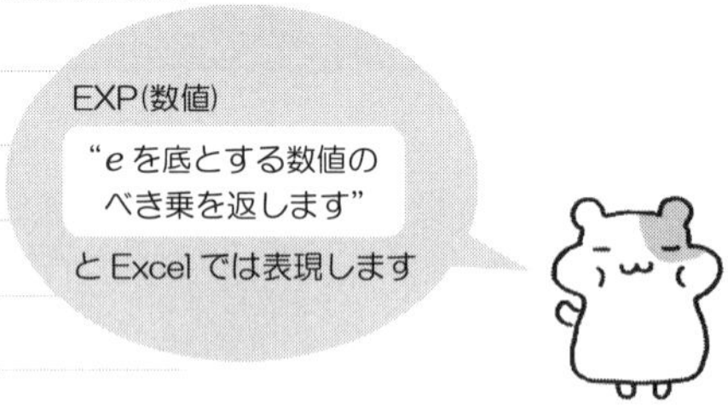
EXP(数値)
“e を底とする数値の
べき乗を返します”
と Excel では表現します

手順❹ データの範囲 A1 から B14 までドラッグ．
[**挿入**] をクリックして，散布図の中から
次の曲線を選択します．

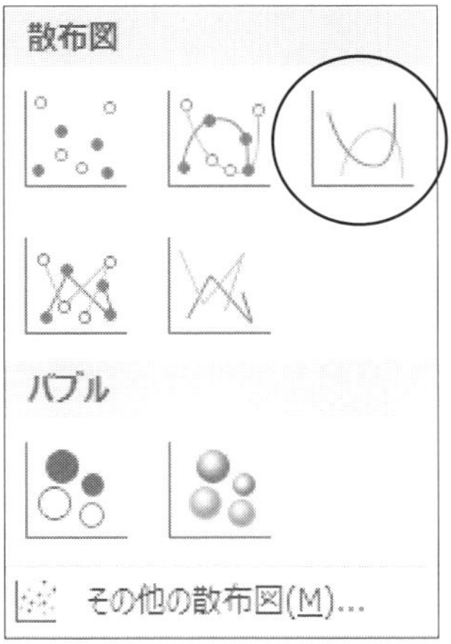

← これ

手順❺ すると，次のような指数関数の曲線ができ上がります．

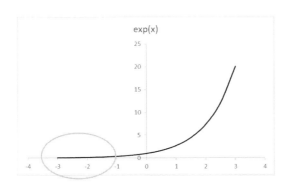

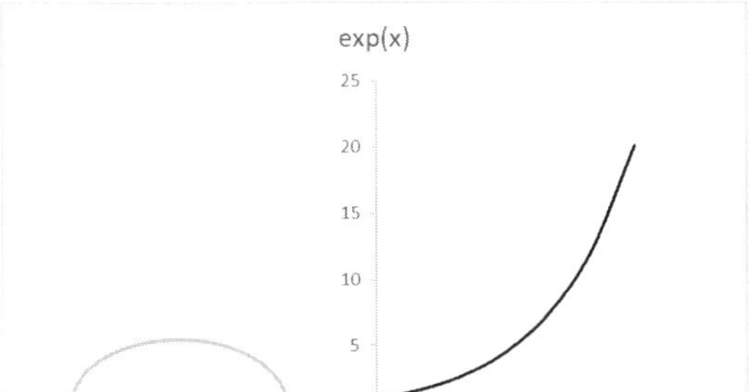

ナポレオンの帽子と比べてみると……

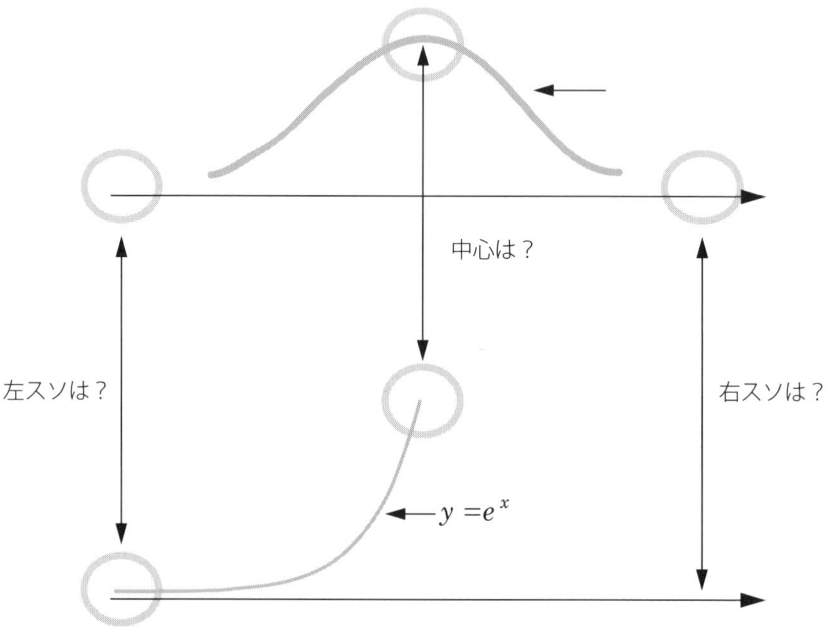

図 8.4.1　左のスソが似ている

次は，

中心の部分  と　右スソ 

も

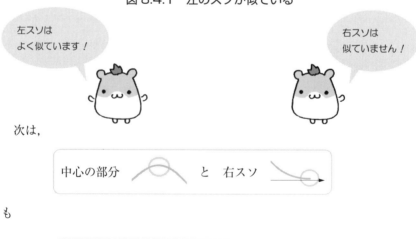

ナポレオンの帽子に似ているように

したいですね！

ここで，2 次関数のグラフは

中心の部分がナポレオンの帽子に似ていたこと

を思い出すと……

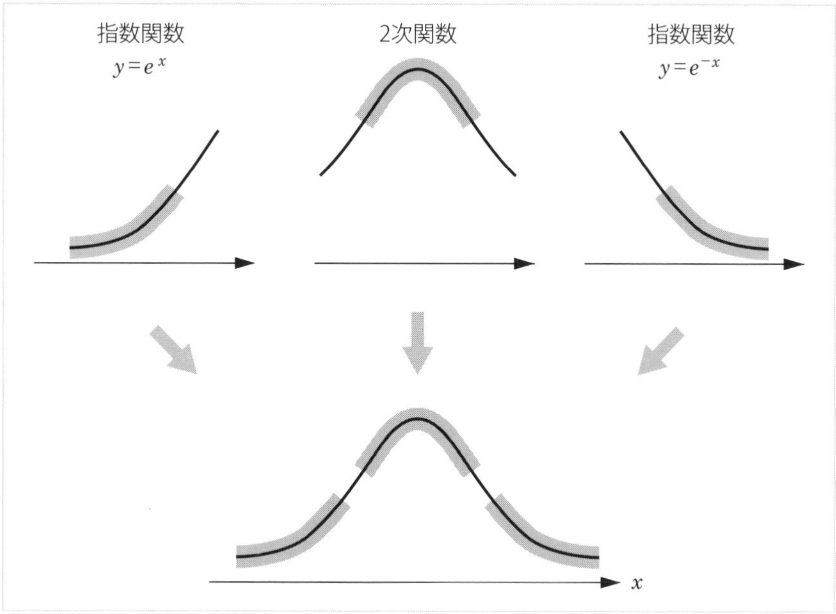

図 8.4.2　3 つのグラフを合わせてみると……

Section 8.5 これが正規分布のグラフ？

そこで，次の関数

$$f(x) = e^{x^2}$$

のグラフを描いてみることにしましょう．

Excel を使って，e^{x^2} の値を求めます．

	A	B	C	D	E
1	x	exp(x^2)			
2	-3	8103.083928			
3	-2.5	518.012825			
4	-2	54.598150			
5	-1.5	9.487736			
6	-1	2.718282			
⋮					
12	2	54.598150			
13	2.5	518.012825			
14	3	8103.083928			

=EXP(A2^2)

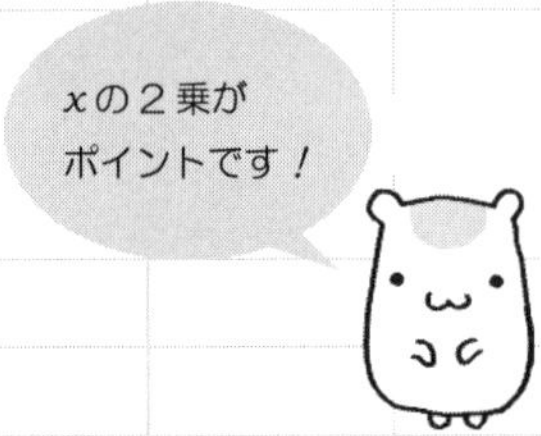

Excel でこの関数のグラフを描くと，次のようになります．

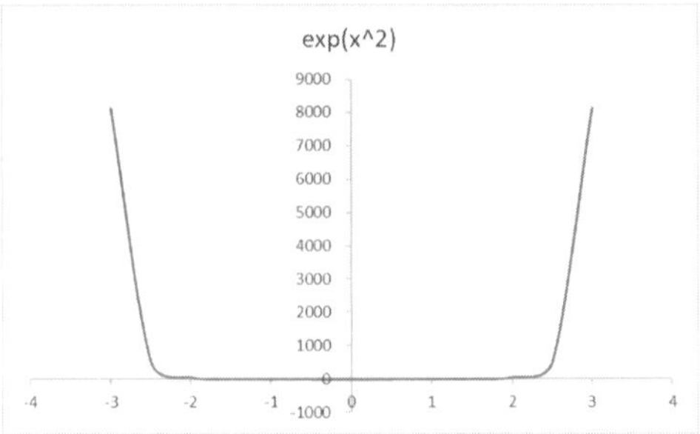

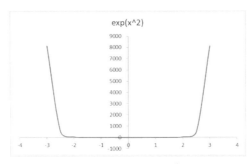

図 8.5.1　関数 $f(x) = e^{x^2}$ グラフ

このグラフも，ナポレオンの帽子と異なっていますが……

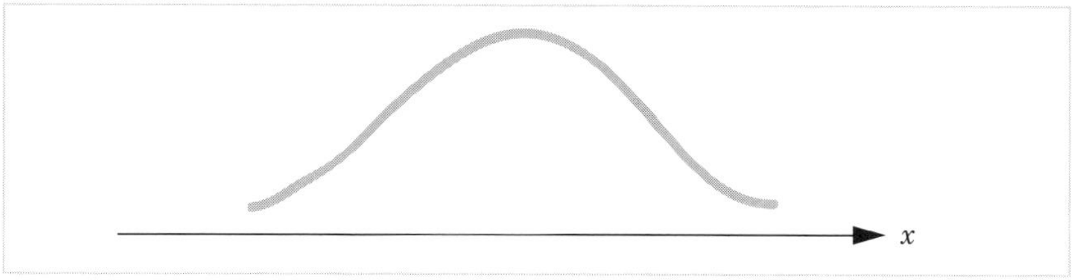

図 8.5.2　ナポレオンの帽子

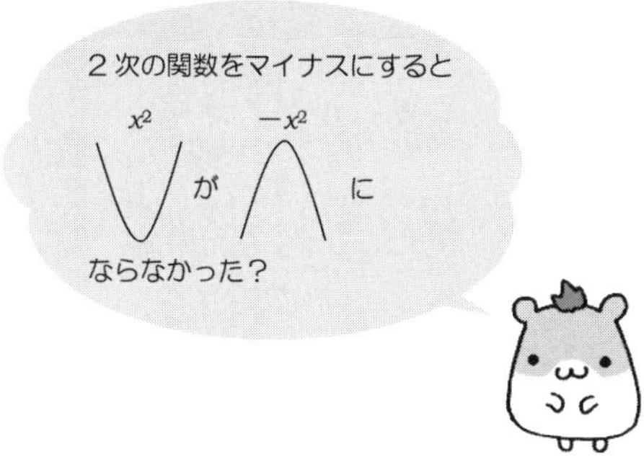

２次の関数をマイナスにすると
x^2
$-x^2$
が
に
ならなかった？

ここで，思いきって
次の関数

$$f(x) = -e^{x^2}$$

のグラフを描いてみることにしましょう.

この関数のグラフを
Excel で描いてみると……

手順❶ Excel のワークシートに，次のように入力します．

	A	B	C	D
1	x	exp(-x^2)		
2	-3			
3	-2.8			
4	-2.6			
5	-2.4			
6	-2.2			
7	-2			
8	-1.8			
⋮				
28	2.2			
29	2.4			
30	2.6			
31	2.8			
32	3			

手順❷ B2 のセルに

= EXP（− 1 ＊ A2^2）

と入力して ↵．

	A	B	C	D
1	x	exp(-x^2)		
2	-3	0.000123	← =EXP(−1*A2^2)	
3	-2.8			
4	-2.6			
5	-2.4			
6	-2.2			

手順❸ B2 のセルをコピーして，
B3 から B32 まで貼り付けます．

	A	B	C	D
1	x	exp(-x^2)		
2	-3	0.000123		
3	-2.8	0.000394		
4	-2.6	0.001159		
5	-2.4	0.003151		
⋮				
29	2.4	0.003151		
30	2.6	0.001159		
31	2.8	0.000394		
32	3	0.000123		
33				

手順❹ C2 のセルをクリックしておきます．
［挿入］をクリックして，散布図の中から
次のように選択します．

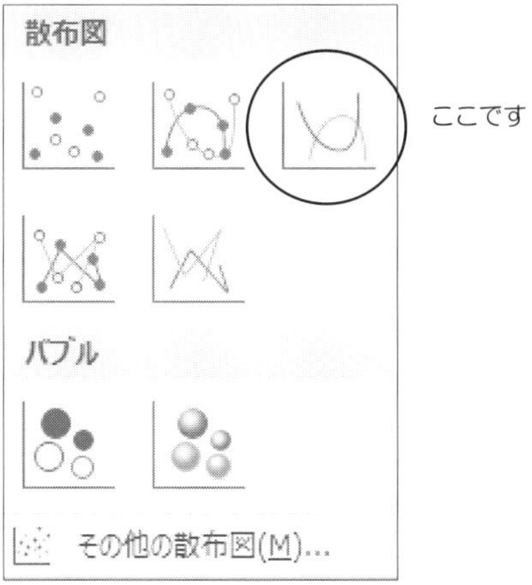

手順❻ 関数 $f(x) = e^{-x^2}$ のグラフができあがります.

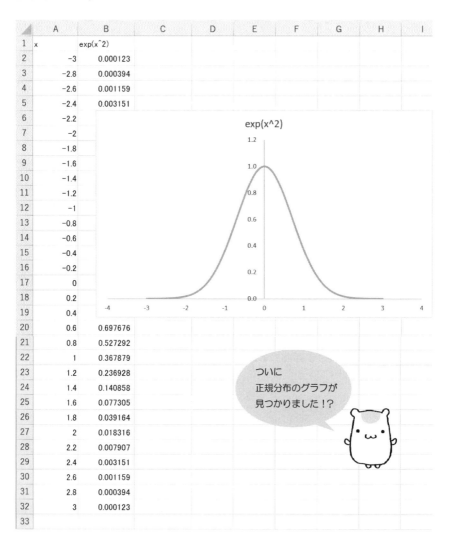

	A	B
1	x	exp(x^2)
2	-3	0.000123
3	-2.8	0.000394
4	-2.6	0.001159
5	-2.4	0.003151
6	-2.2	
7	-2	
8	-1.8	
9	-1.6	
10	-1.4	
11	-1.2	
12	-1	
13	-0.8	
14	-0.6	
15	-0.4	
16	-0.2	
17	0	
18	0.2	
19	0.4	
20	0.6	0.697676
21	0.8	0.527292
22	1	0.367879
23	1.2	0.236928
24	1.4	0.140858
25	1.6	0.077305
26	1.8	0.039164
27	2	0.018316
28	2.2	0.007907
29	2.4	0.003151
30	2.6	0.001159
31	2.8	0.000394
32	3	0.000123
33		

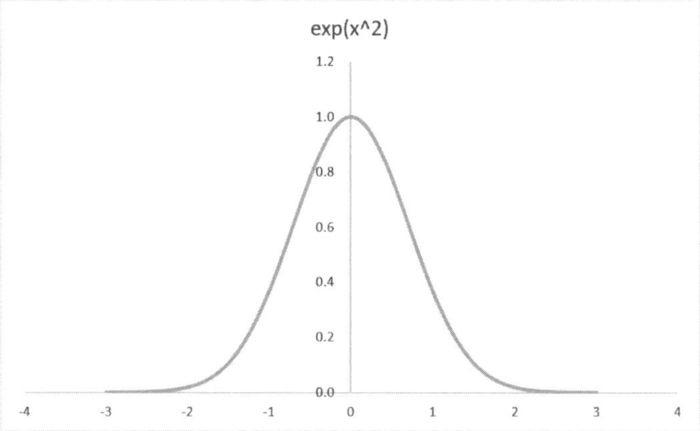

このグラフは，ナポレオンの帽子によく似ていますね！

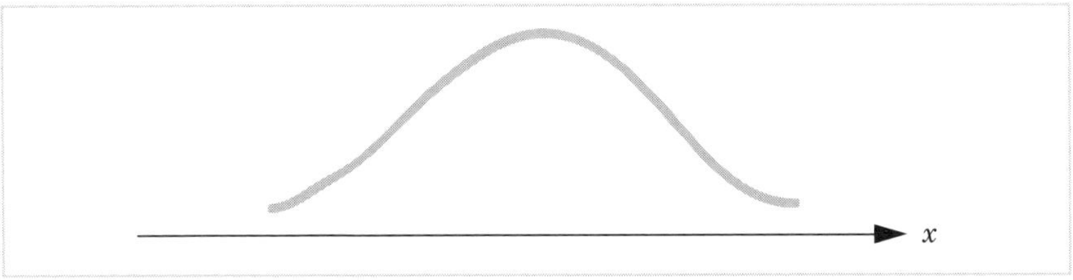

図 8.5.3　ナポレオンの帽子

chapter 9

正規分布をわかってナットク！

指数関数 $f(x)=e^{-x^2}$ のグラフは，次のようになりました．

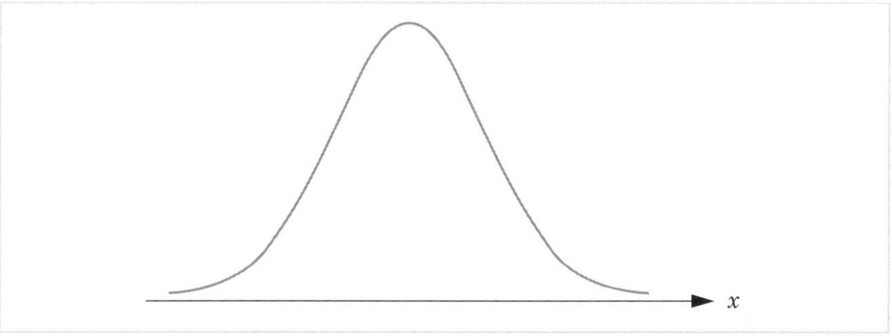

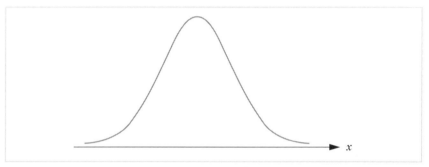

図 9.0.1　$f(x) = e^{-x^2}$ のグラフ

このグラフが，いま求めている

正規分布の曲線？

なのでしょうか．

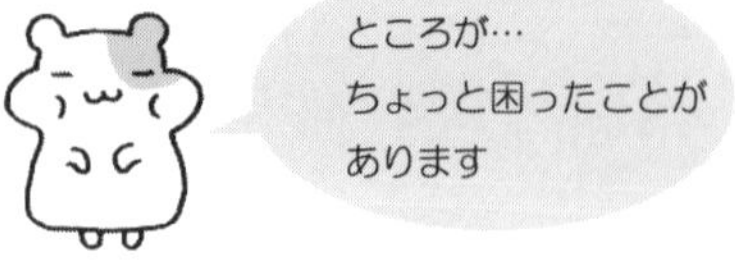

ところが…
ちょっと困ったことがあります

というのも，正規分布は確率の分布です．

ということは

全部の確率＝1

でなくてはなりません．

このグラフの場合

確率＝面積

と考えられますから

曲線の下の部分の面積＝1

になっているのでしょうか？

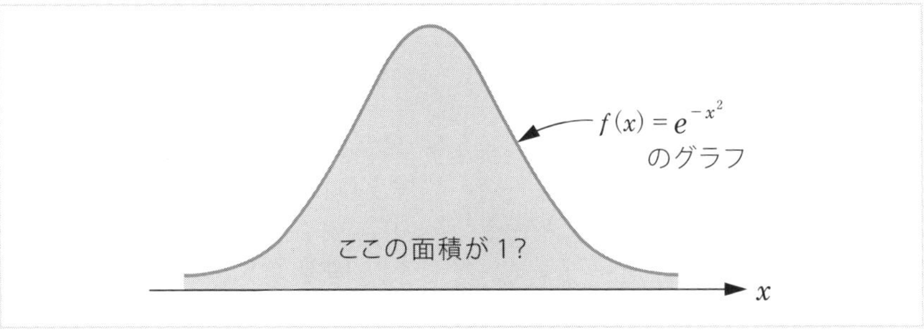

$f(x) = e^{-x^2}$
のグラフ
ここの面積が1？
x

図 9.0.2　この面積は？

どうやって
この面積を
計算するの？

Section 9.1 図形の面積を計算しましょう

どうやって，

この曲線 $f(x)=e^{-x^2}$ の面積

を計算するのでしょうか？

面積の求め方［長方形の場合］

右の図形の面積を求めるには，
どうすればいいのでしょうか？

これは，簡単ですね！

この図形は長方形なので……

長方形の面積＝縦×横
＝4×3
＝12

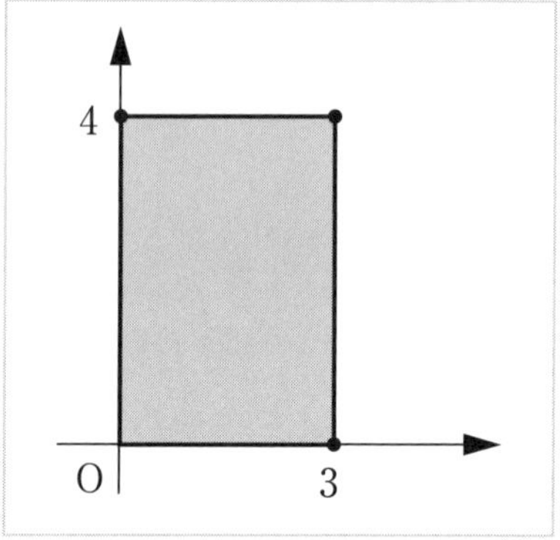

図 9.1.1　長方形の面積

面積の求め方［台形の場合］

次の図形の面積を求めるには，どうすればいいのでしょうか？

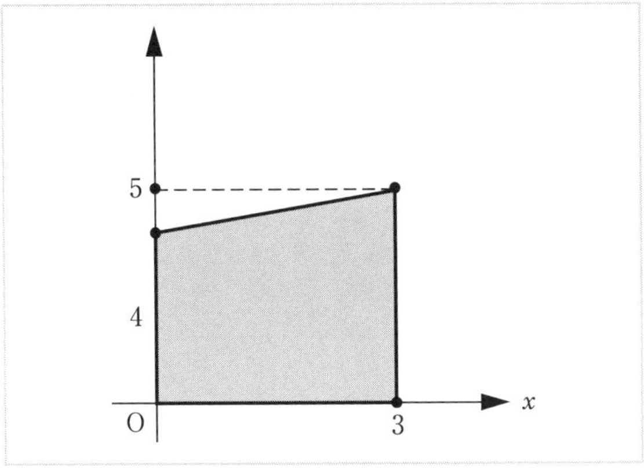

図 9.1.2　台形の面積

これも簡単ですね．

この図形は台形なので

$$
\begin{aligned}
\text{台形の面積} &= \frac{(\text{上底}+\text{下底})\times\text{高さ}}{2} \\
&= \frac{(4+5)\times 3}{2} \\
&= 13.5
\end{aligned}
$$

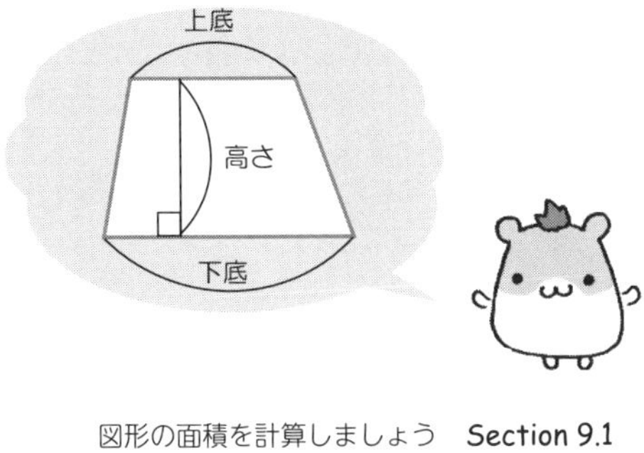

面積の求め方［曲線の場合］

次の図形の面積を求めるには？

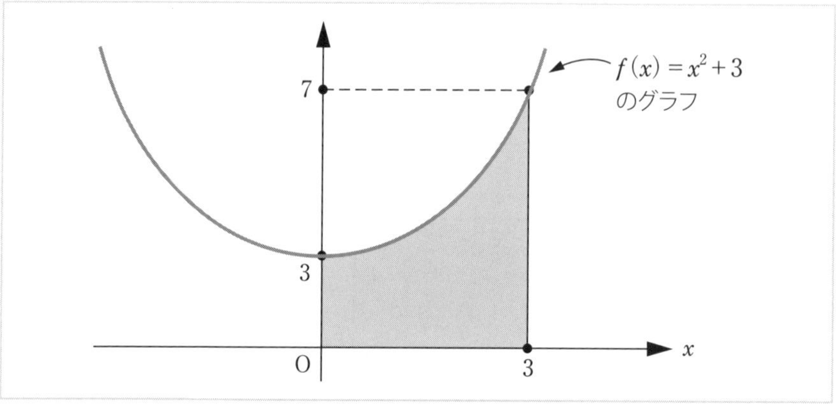

図 9.1.3　2 次関数の面積

この図形の面積は簡単に求まりそうにありません．

そこで，一度に求まらないときは，分割しましょう．

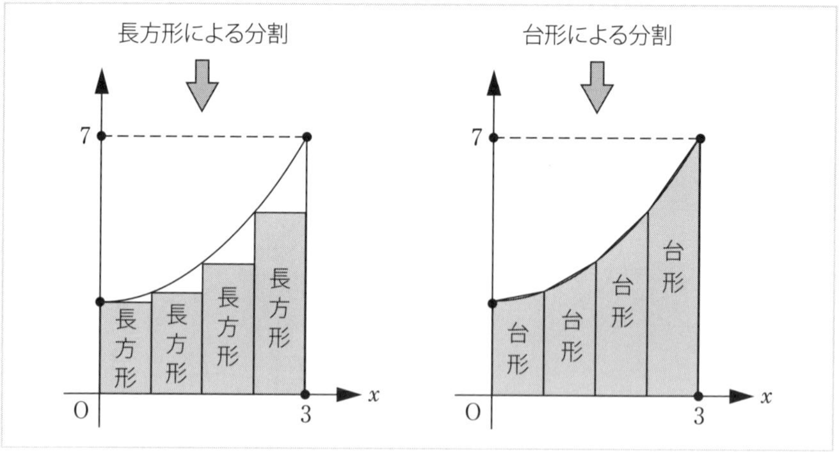

図 9.1.4

この分割を細かくします.

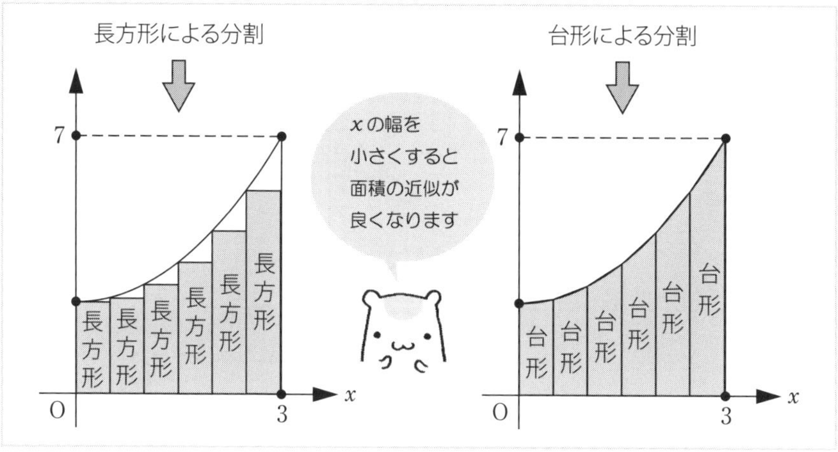

図 9.1.5

さらに分割を細かくします.

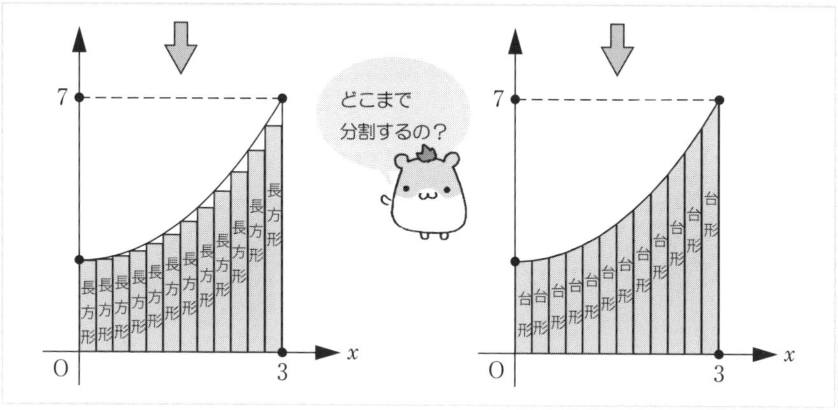

図 9.1.6

Excel を使って，次の面積を求めてみると…

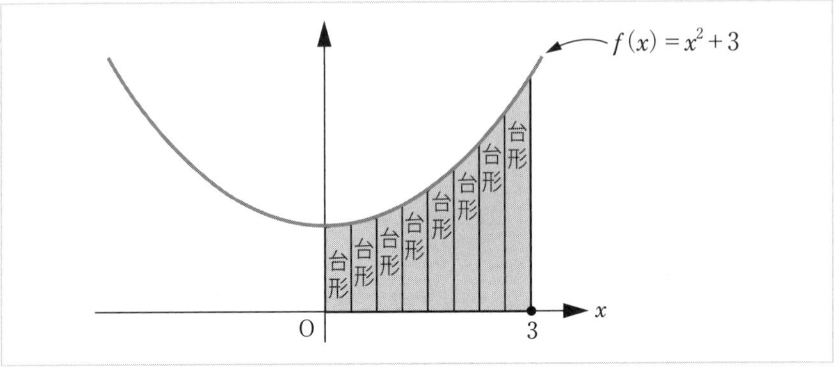

f(x) = x²+3
台形
台形
台形
台形
台形
台形
台形
台形
O
3
x

図 9.1.7

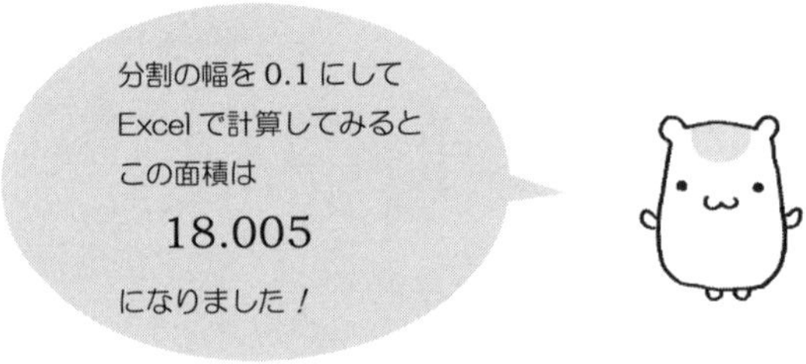

分割の幅を 0.1 にして
Excel で計算してみると
この面積は
18.005
になりました！

ところで，定積分を使うと，次のように

正確な面積

を求めることができます.

$$\int_0^3 x^2 + 3dx = \left[\frac{x^3}{3} + 3x\right]_0^3$$
$$= \left(\frac{3^3}{3} + 3 \times 3\right) - \left(\frac{0^3}{3} + 3 \times 0\right)$$
$$= 18$$

ということは
台形による分割も
悪くないですね

Section 9.2 $f(x) = e^{-x^2}$ の面積を計算しましょう

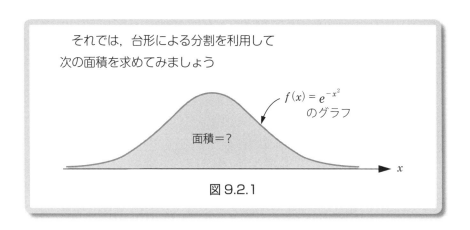

それでは，台形による分割を利用して
次の面積を求めてみましょう

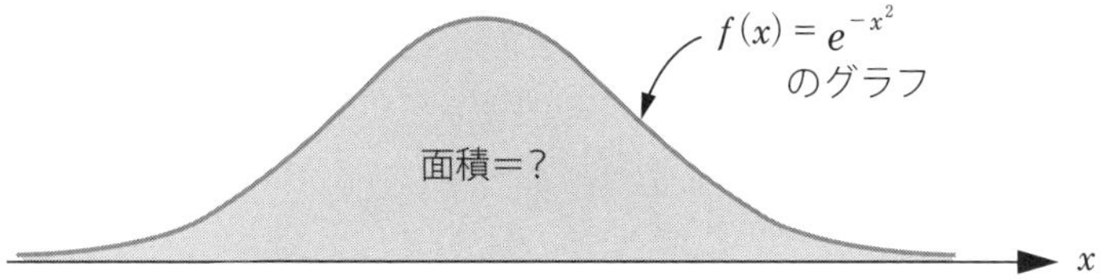

図 9.2.1

このとき，大切な点は

分割の幅をどの程度にすればよいか？

ということです．

とりあえず，ここでは

分割の幅は 0.1

としてみましょう．

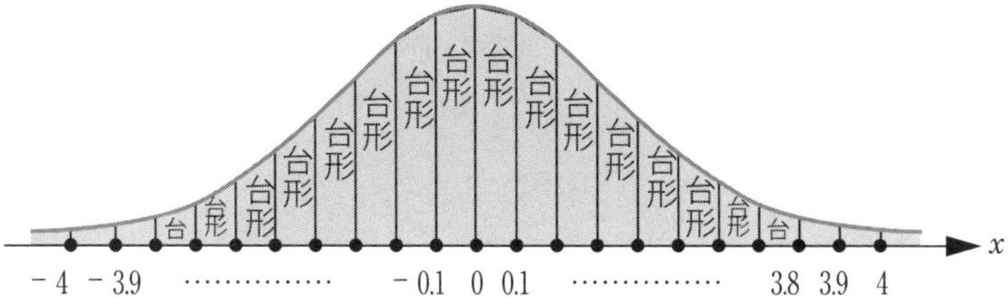

図 9.2.2　台形による分割

Excelによる $f(x)=e^{-x^2}$ の面積の求め方

手順❶ Excelのワークシートに，次のように入力しておきます.

	A	B	C	D	E
1	x	exp(-x^2)	台形の面積	面積の合計	
2	-4				
3	-3.9				
4	-3.8				
5	-3.7				
⋮					
78	3.6				
79	3.7				
80	3.8				
81	3.9				
82	4				

台形
分割の幅
分割の幅を
0.1にしています

手順❷ B2のセルに

= EXP (− 1 ＊ A2^2)

と入力して ↵

	A	B	C	D	E
1	x	exp(-x^2)	台形の面積	面積の合計	
2	-4	1.12535E-07			
3	-3.9				
4	-3.8				
5	-3.7				
6	-3.6				

exp(−x²)
の値を
計算します

手順❸　B2 のセルをコピーして，B3 から B82 まで貼り付けます．

	A	B	C	D	E
1	x	exp(-x^2)	台形の面積	面積の合計	
2	-4	1.12535E-07			
3	-3.9	2.4796E-07			
4	-3.8	5.35535E-07			
5	-3.7	1.13373E-06			
⋮					
77	3.5	4.78512E-06			
78	3.6	2.35258E-06			
79	3.7	1.13373E-06			
80	3.8	5.35535E-07			
81	3.9	2.4796E-07			
82	4	1.12535E-07			

$\exp(-x^2)$
の値を次々に
求めています

手順❹　C3 のセルに

$$=(B3 + B2) * 0.1/2$$

と入力して ↵

	A	B	C	D	E
1	x	exp(-x^2)	台形の面積	面積の合計	
2	-4	1.12535E-07			
3	-3.9	2.4796E-07	1.80247E-08		
4	-3.8	5.35535E-07			
5	-3.7	1.13373E-06			
6	-3.6	2.35258E-06			
7	-3.5	4.78512E-06			
8	-3.4	9.54016E-06			
9	-3.3	1.86437E-05			
10	-3.2	3.57128E-05			

台形の面積を求めます
上辺=B3
下辺=B2
高さ=0.1　です

手順❺　C3 のセルをコピーして，C4 から C82 まで
貼り付けます．

	A	B	C	D	E
1	x	exp(−x^2)	台形の面積	面積の合計	
2	−4	1.12535E−07			
3	−3.9	2.4796E−07	1.80247E−08		
4	−3.8	5.35535E−07	3.91747E−08		
5	−3.7	1.13373E−06	8.34631E−08		
⋮					
80	3.8	5.35535E−07	8.34631E−08		
81	3.9	2.4796E−07	3.91747E−08		
82	4	1.12535E−07	1.80247E−08		

台形の面積を
次々に
求めています

手順❻　D2 のセルに
　　　＝SUM（C3：C82）
と入力して ↵

台形の面積を
合計します

	A	B	C	D	E
1	x	exp(−x^2)	台形の面積	面積の合計	
2	−4	1.12535E−07		1.772454	
3	−3.9	2.4796E−07	1.80247E−08		
4	−3.8	5.35535E−07	3.91747E−08		
5	−3.7	1.13373E−06	8.34631E−08		
6	−3.6	2.35258E−06	1.74315E−07		
7	−3.5	4.78512E−06	3.56885E−07		
8	−3.4	9.54016E−06	7.16264E−07		
9	−3.3	1.86437E−05	1.4092E−06		
10	−3.2	3.57128E−05	2.71783E−06		

これが
求める面積！

ということは

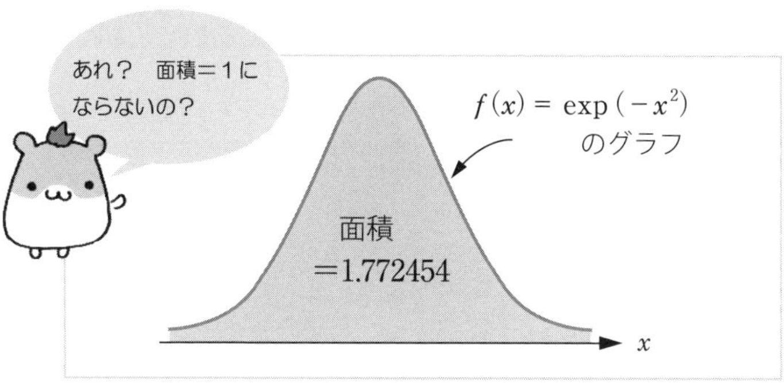

図 9.2.3

となりました.

ところで，確率分布の面積は

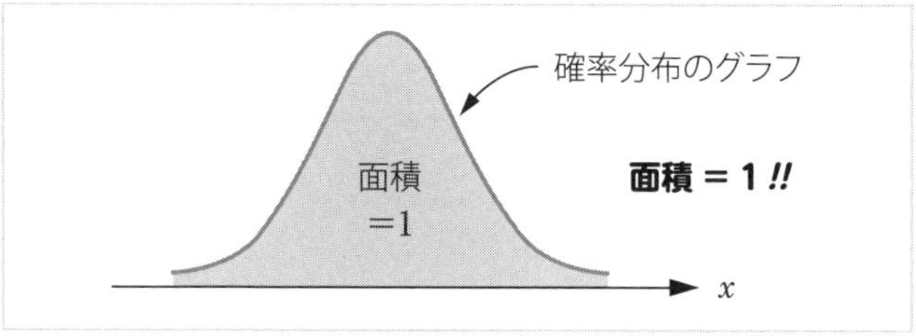

図 9.2.4

ですから，この関数

$$f(x) = \exp(-x^2)$$

は，確率分布の条件を満たしていません.

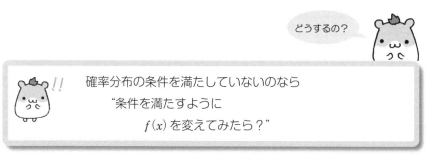

確率分布の条件を満たしていないのなら
“条件を満たすように
$f(x)$ を変えてみたら？”

そこで，関数を

$$f(x)=e^{-x^2} \Rightarrow f(x)=\frac{1}{1.772454}e^{-x^2}$$

に変えれば，面積も

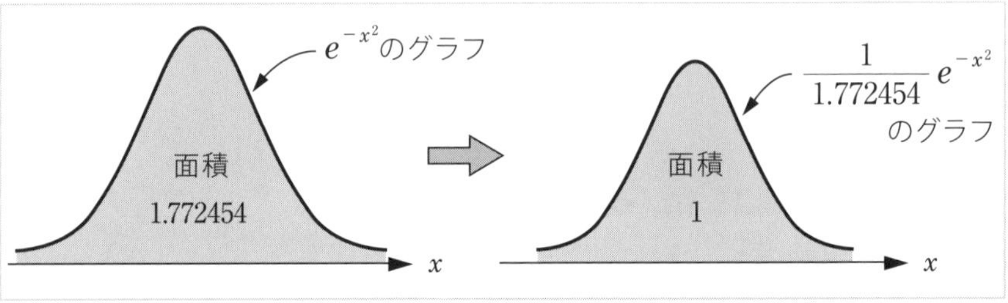

図 9.2.5　面積を 1 にする！

となりますね！

ところで，

$$1.772454=\sqrt{\pi}$$

ということがわかっているので，

関数は

$$f(x)=\frac{1}{\sqrt{\pi}}e^{-x^2}$$

となります．

$$\int_{-\infty}^{+\infty} e^{-x^2}dx=\sqrt{\pi}=$$

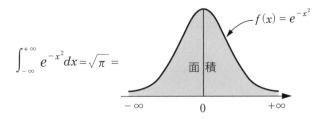

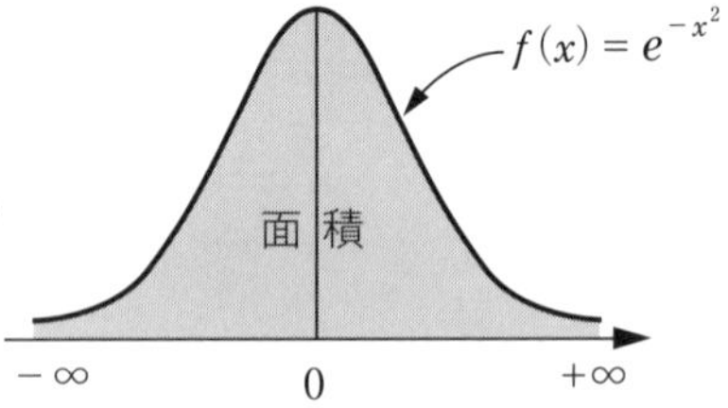

一歩進んで

次のことがわかっています．

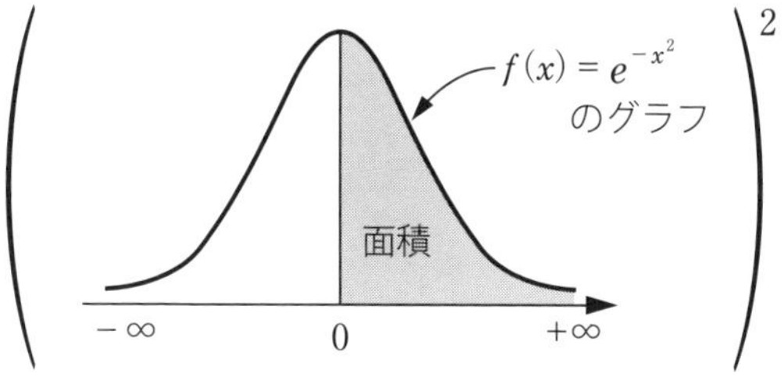

$$=\left(\int_0^{+\infty} e^{-x^2}dx\right)^2$$

$$=\lim_{n\to\infty}\iint_{x^2+y^2\leqq n^2} e^{-(x^2+y^2)}d(x,y)$$

$$=\lim_{n\to\infty}\iint_{E_n} e^{-r^2}\cdot r\cdot d(r,\theta)$$

$$=\lim_{n\to\infty}\frac{\pi}{2}\left[-\frac{1}{2}e^{-r^2}\right]_0^n$$

$$=\lim_{n\to\infty}\frac{\pi}{4}(-1-e^{-n^2})$$

$$=\frac{\pi}{4}$$

したがって，両辺の $\sqrt{\ }$ をとると…

$$\int_0^{+\infty} e^{-x^2}dx=\frac{\sqrt{\pi}}{2}=$$

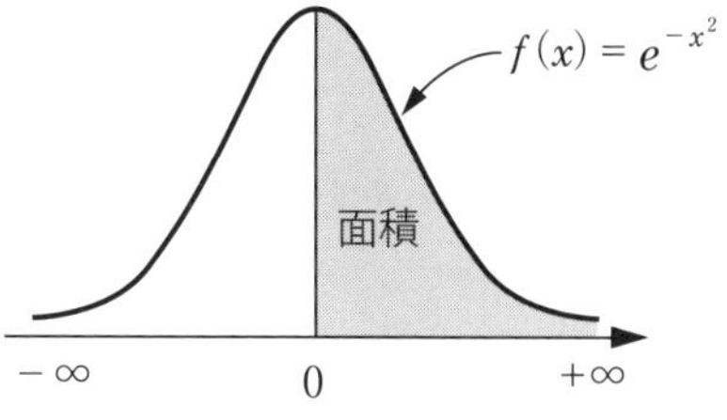

となります．

Section 9.3 これが正規分布です

正規分布の定義

確率変数 X に対して，確率密度関数 $f(x)$ が

$$f(x)=\frac{1}{\sigma\sqrt{2\pi}}e^{-\frac{1}{2}\left(\frac{x-\mu}{\sigma}\right)^2}$$

で与えられる確率分布を

正規分布（Normal distribution）

といいます．

ギリシャ文字の
μ：ミュー
σ：シグマ

確率変数とか，確率密度関数といった統計用語は
この際，あまり気にしないことにして……

要するに，統計で大切な正規分布のグラフは

$$f(x)=\frac{1}{\sigma\sqrt{2\pi}}e^{-\frac{1}{2}\left(\frac{x-\mu}{\sigma}\right)^2}$$

で定義されているということですね！

平均が μ，分散が σ^2 の正規分布を

$$N(\mu,\ \sigma^2)$$

と表します．

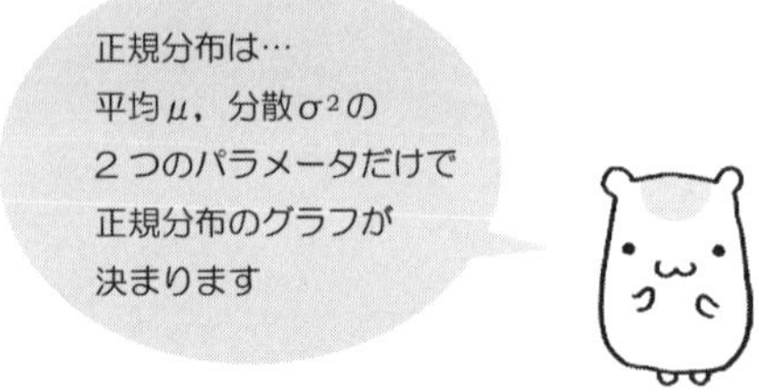
正規分布は…
平均 μ，分散 σ^2 の
２つのパラメータだけで
正規分布のグラフが
決まります

この正規分布のグラフと，μ と σ の関係は
次のようになっています．

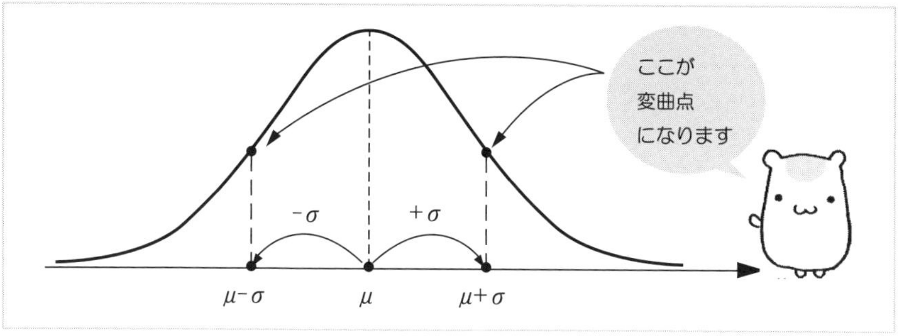

図 9.3.1　正規分布と μ と σ との関係

そこで

$$\mu = 0, \quad \sigma = 1$$

のときの正規分布のグラフを描いてみることにしましょう．

$$N(\mu, \sigma^2) = N(0, 1^2)$$

この関数は，次のようになります．

$$f(x) = \frac{1}{1 \times \sqrt{2\pi}} e^{-\frac{1}{2}\left(\frac{x-0}{1}\right)^2}$$

$$= \frac{1}{\sqrt{2\pi}} e^{-\frac{1}{2}x^2}$$

Excel の関数による標準正規分布のグラフ

手順❶　Excel のワークシートに，次のように入力します．

	A	B	C	D	E
1	x	f(x)			
2	−2.6				
3	−2.4				
4	−2.2				
5	−2				
⋮					
25	2				
26	2.2				
27	2.4				
28	2.6				

手順❷　B2 のセルに

　＝1/(2 ∗ PI(　))^0.5 ∗ EXP(− 1/2 ∗(A2)^2)

と入力して ↵

	A	B	C	D	E
1	x	f(x)			
2	−2.6	0.013583			
3	−2.4				
4	−2.2				
5	−2				
6	−1.8				

手順❸　B2 のセルをコピーして，B3 から B28 まで貼り付けます．

	A	B	C	D	E
1	x	f(x)			
2	−2.6	0.013583			
3	−2.4	0.022395			
4	−2.2	0.035475			
5	−2	0.053991			
⋮					
25	2	0.053991			
26	2.2	0.035475			
27	2.4	0.022395			
28	2.6	0.013583			

手順❹　データの範囲 A1 から B28 をドラッグします．
［挿入］をクリックして散布図の中から
次の曲線を選びます．すると…

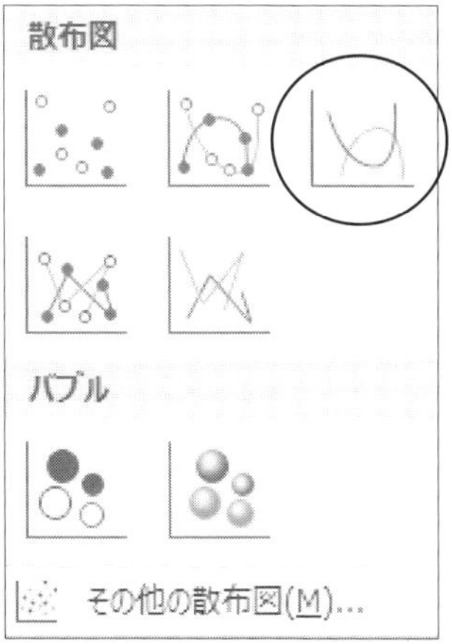

手順❺ 標準正規分布のグラフは，次のようになります．

	A	B
1	x	f(x)
2	−2.6	0.013583
3	−2.4	0.022395
4	−2.2	0.035475
5	−2	
6	−1.8	
7	−1.6	
8	−1.4	
9	−1.2	
10	−1	
11	−0.8	
12	−0.6	
13	−0.4	
14	−0.2	
15	0	
16	0.2	
17	0.4	
18	0.6	
19	0.8	0.289692
20	1	0.241971
21	1.2	0.194186
22	1.4	0.149727
23	1.6	0.110921
24	1.8	0.078950
25	2	0.053991
26	2.2	0.035475
27	2.4	0.022395
28	2.6	0.013583
29		

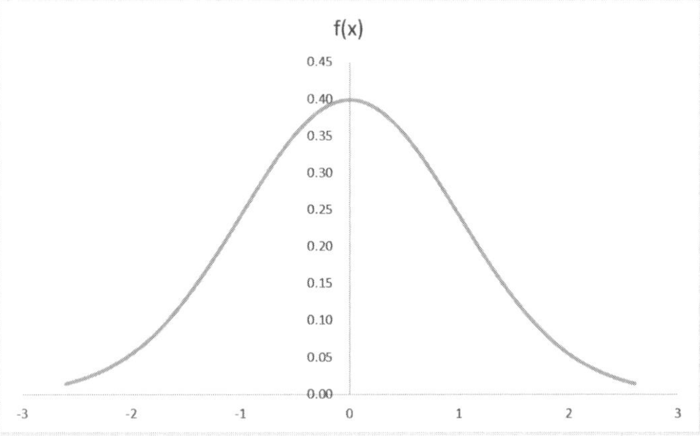

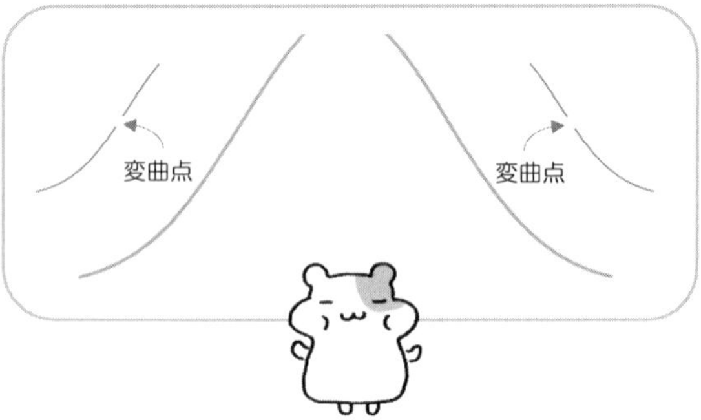

この標準正規分布のグラフを見ると

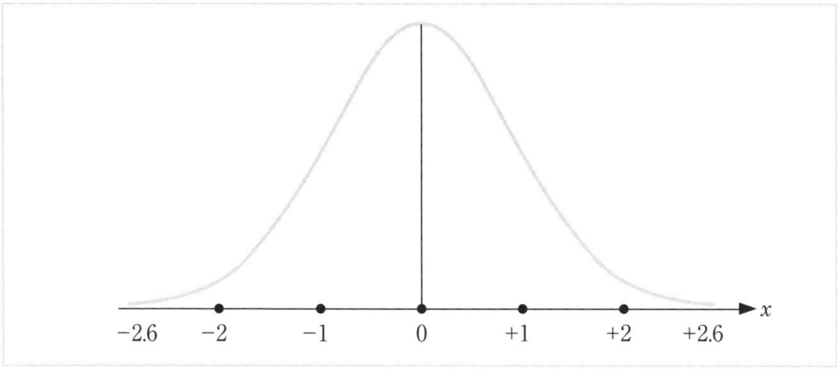

図 9.3.2 平均$\mu = 0$

平均は 0 であることがわかります.

そして

$x = -1$　　$x = +1$

のところが，変曲点になっています.

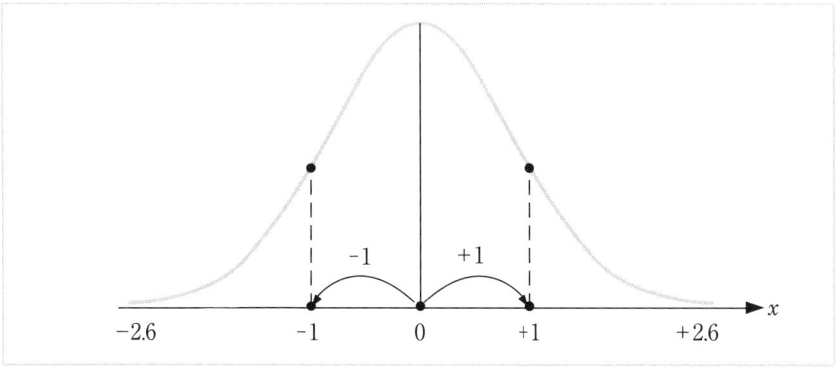

図 9.3.3　分散$\sigma^2 = 1$ ＝標準偏差σ

chapter 10

標準正規分布とその確率

平均がμ，標準偏差がσの正規分布 N（μ, σ^2）は

$$f(x)=\frac{1}{\sigma\sqrt{2\pi}}e^{-\frac{1}{2}\left(\frac{x-\mu}{\sigma}\right)^2}$$

で定義されています

正規分布の中で
この標準正規分布は
特に重要です

このとき

$$\mu=0,\qquad \sigma=1$$

とおくと，正規分布の関数は

$$f(x)=\frac{1}{\sqrt{2\pi}}e^{-\frac{1}{2}x^2}$$

となります.
この正規分布を，特に

標準正規分布

といいます.

$\frac{1}{\sqrt{\pi}}e^{-x^2}$ ではなくて
$\frac{1}{\sqrt{2\pi}}e^{-\frac{1}{2}x^2}$
です

ところで，次の変換

$$x \longmapsto \frac{x-\mu}{\sigma}$$

を**標準化**といいます．

この標準化により，正規分布の関数

$$f(x) = \frac{1}{\sigma\sqrt{2\pi}} e^{-\frac{1}{2}\left(\frac{x-\mu}{\sigma}\right)^2}$$

は，標準正規分布の関数

$$f(z) = \frac{1}{\sqrt{2\pi}} e^{-\frac{1}{2}z^2}$$

に変わります．

ところで…

この標準正規分布の確率

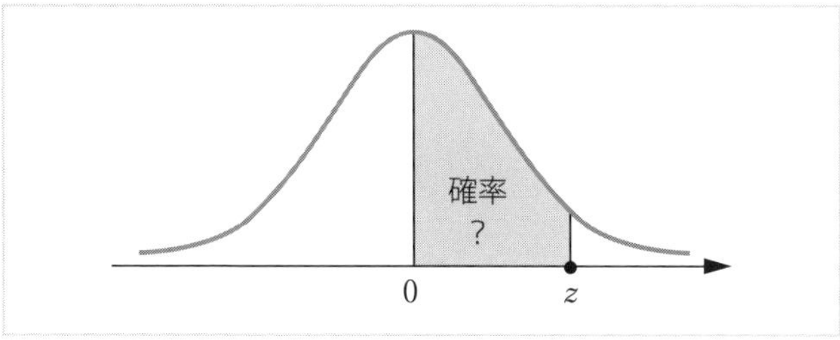

図 10.0.1　この確率は数表で！

は，簡単には求まりません．

そこで，この確率を数表の形にまとめておきましょう．

Section 10.1 標準正規分布の数表を作りましょう

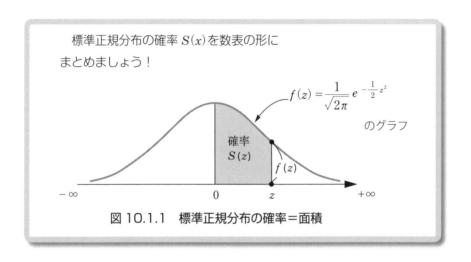

標準正規分布の確率 $S(x)$ を数表の形に
まとめましょう！

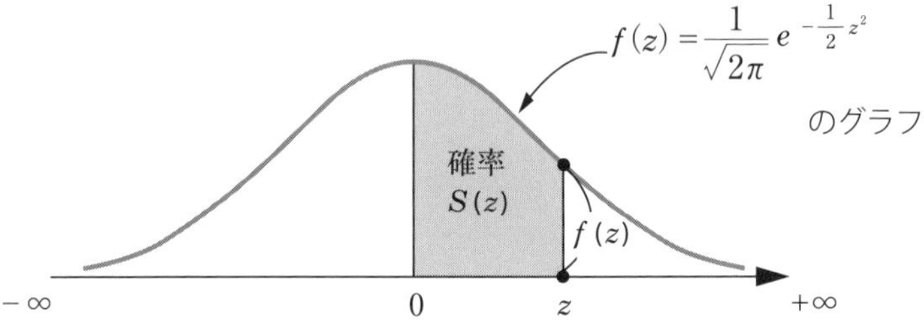

図 10.1.1　標準正規分布の確率＝面積

でも，次のように確率 $S(z)$ を縦 1 列に並べると
数表が縦に長～～～くなりすぎますね！

表 10.1.1

z	$S(z)$
0.00	
0.01	
0.02	
0.03	
0.04	
⋮	
1.99	
2.00	

そこで，

小数点第 1 位を縦に，小数点第 2 位を横に

とります．

たとえば

z ＝ 1.64 の場合

⇩

❶縦に 1.60 ⇨ ❷横に 0.04

つまり…

❶ ↓

S（0.00）	S（0.01）	S（0.02）	S（0.03）	S（0.04）	S（0.05）	…	S（0.09）
S（0.10）	S（0.11）	S（0.12）	…				
S（0.20）	S（0.21）	…	…				
⋮	⋮						
S（1.00）	S（1.01）	…					
⋮	⋮						
S（1.50）	S（1.51）	…					
S（1.60）	S（1.61）	S（1.62）	S（1.63）	**S（1.64）**	S（1.65）	…	S（1.69）

❷ →

S（1.70）	S（1.71）	…					
⋮							
S（2.00）							

標準正規分布の数表—確率密度—

実際の標準正規分布の数表は，
次のようになっています．

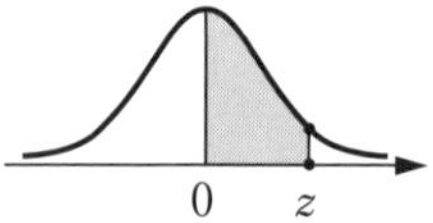

z	0.00	0.01	0.02	0.03	0.04	0.05	0.06	0.07	0.08	0.09
0.0	0.0000	0.0040	0.0080	0.0120	0.0160	0.0199	0.0239	0.0279	0.0319	0.0359
0.1	0.0398	0.0438	0.0478	0.0517	0.0557	0.0596	0.0636	0.0675	0.0714	0.0753
0.2	0.0793	0.0832	0.0871	0.0910	0.0948	0.0987	0.1026	0.1064	0.1103	0.1141
0.3	0.1179	0.1217	0.1255	0.1293	0.1331	0.1368	0.1406	0.1443	0.1480	0.1517
0.4	0.1554	0.1591	0.1628	0.1664	0.1700	0.1736	0.1772	0.1808	0.1844	0.1879
0.5	0.1915	0.1950	0.1985	0.2019	0.2054	0.2088	0.2123	0.2157	0.2190	0.2224
0.6	0.2257	0.2291	0.2324	0.2357	0.2389	0.2422	0.2454	0.2486	0.2517	0.2549
0.7	0.2580	0.2611	0.2642	0.2673	0.2704	0.2734	0.2764	0.2794	0.2823	0.2852
0.8	0.2881	0.2910	0.2939	0.2967	0.2995	0.3023	0.3051	0.3078	0.3106	0.3133
0.9	0.3159	0.3186	0.3212	0.3238	0.3264	0.3289	0.3315	0.3340	0.3365	0.3389
1.0	0.3413	0.3438	0.3461	0.3485	0.3508	0.3531	0.3554	0.3577	0.3599	0.3621
1.1	0.3643	0.3665	0.3686	0.3708	0.3729	0.3749	0.3770	0.3790	0.3810	0.3830
1.2	0.3849	0.3869	0.3888	0.3907	0.3925	0.3944	0.3962	0.3980	0.3997	0.40147
1.3	0.40320	0.40490	0.40658	0.40824	0.40988	0.41149	0.41309	0.41466	0.41621	0.41774
1.4	0.41924	0.42073	0.42220	0.42364	0.42507	0.42647	0.42785	0.42922	0.43056	0.43189
1.5	0.43319	0.43448	0.43574	0.43699	0.43822	0.43943	0.44062	0.44179	0.44295	0.44408
1.6	0.44520	0.44630	0.44738	0.44845	0.44950	0.45053	0.45154	0.45254	0.45352	0.45449
1.7	0.45543	0.45637	0.45728	0.45818	0.45907	0.45994	0.46080	0.46164	0.46246	0.46327
1.8	0.46407	0.46485	0.46562	0.46638	0.46712	0.46784	0.46856	0.46926	0.46995	0.47062
1.9	0.47128	0.47193	0.47257	0.47320	0.47381	0.47441	0.47500	0.47558	0.47615	0.47670
2.0	0.47725	0.47778	0.47831	0.47882	0.47932	0.47982	0.48030	0.48077	0.48124	0.48169
2.1	0.48214	0.48257	0.48300	0.48341	0.48382	0.48422	0.48461	0.48500	0.48537	0.48574
2.2	0.48610	0.48645	0.48679	0.48713	0.48745	0.48778	0.48809	0.48840	0.48870	0.48899
2.3	0.48928	0.48956	0.48983	0.490097	0.490358	0.490613	0.490863	0.491106	0.491344	0.491576
2.4	0.491802	0.492024	0.492240	0.492451	0.492656	0.492857	0.493053	0.493244	0.493431	0.493613
2.5	0.493790	0.493963	0.494132	0.494297	0.494457	0.494614	0.494766	0.494915	0.495060	0.495201
2.6	0.495339	0.495473	0.495604	0.495731	0.495855	0.495975	0.496093	0.496207	0.496319	0.496427
2.7	0.496533	0.496636	0.496736	0.496833	0.496928	0.497020	0.497110	0.497197	0.497282	0.497365
2.8	0.497445	0.497523	0.497599	0.497673	0.497744	0.497814	0.497882	0.497948	0.498012	0.498074
2.9	0.498134	0.498193	0.498250	0.498305	0.498359	0.498411	0.498462	0.498511	0.498559	0.498605
3.0	0.498650	0.498694	0.498736	0.498777	0.498817	0.498856	0.498893	0.498930	0.498965	0.498999
3.1	0.4990324	0.4990646	0.4990957	0.4991260	0.4991553	0.4991836	0.4992112	0.4992378	0.4992636	0.4992886
3.2	0.4993129	0.4993363	0.4993590	0.4993810	0.4994024	0.4994230	0.4994429	0.4994623	0.4994810	0.4994991
3.3	0.4995166	0.4995335	0.4995499	0.4995658	0.4995811	0.4995959	0.4996103	0.4996242	0.4996376	0.4996505
3.4	0.4996631	0.4996752	0.4996869	0.4996982	0.4997091	0.4997197	0.4997299	0.4997398	0.4997493	0.4997585
3.5	0.4997674	0.4997759	0.4997842	0.4997922	0.4997999	0.4998074	0.4998146	0.4998215	0.4998282	0.4998347
3.6	0.4998409	0.4998469	0.4998527	0.4998583	0.4998637	0.4998689	0.4998739	0.4998787	0.4998834	0.4998879
3.7	0.4998922	0.4998964	0.49990039	0.49990426	0.49990799	0.49991158	0.49991504	0.49991838	0.49992159	0.49992468
3.8	0.49992765	0.49993052	0.49993327	0.49993593	0.49993848	[illegible]	[illegible]	[illegible]	0.49994777	0.49994988
3.9	0.49995190	0.49995385	0.49995573	0.49995753	0.49995926	[illegible]	[illegible]	[illegible]	…6554	0.49996696
4.0	0.49996833	0.49996964	0.49997090	0.49997211	0.49997327	[illegible]	[illegible]	[illegible]	…48	0.49997843

そこで，Excel 関数を利用して，
同じような数表を作りましょう．

表 10.1.2　Excel で作る標準正規分布の数表

	0.00	0.01	0.02	0.03	0.04	0.05	……	0.09
0.0	確率	確率	確率	確率	確率	確率	確率	確率
0.1	確率	確率	確率	確率	確率	確率	確率	確率
0.2	確率	確率	確率	確率	確率	確率	確率	確率
0.3	確率	確率	確率	確率	確率	確率	確率	確率
0.4	確率	確率	確率	確率	確率	確率	確率	確率
0.5	確率	確率	確率	確率	確率	確率	確率	確率
0.6	確率	確率	確率	確率	確率	確率	確率	確率
0.7	確率	確率	確率	確率	確率	確率	確率	確率
0.8	確率	確率	確率	確率	確率	確率	確率	確率
0.9	確率	確率	確率	確率	確率	確率	確率	確率
1.0	確率	確率	確率	確率	確率	確率	確率	確率
1.1	確率	確率	確率	確率	確率	確率	確率	確率
1.2	確率	確率	確率	確率	確率	確率	確率	確率
1.3	確率	確率	確率	確率	確率	確率	確率	確率
1.4	確率	確率	確率	確率	確率	確率	確率	確率
1.5	確率	確率	確率	確率	確率	確率	確率	確率
1.6	確率	確率	確率	確率	確率	確率	確率	確率
1.7	確率	確率	確率	確率	確率	確率	確率	確率
1.8	確率	確率	確率	確率	確率	確率	確率	確率
1.9	確率	確率	確率	確率	確率	確率	確率	確率
2.0	確率	確率	確率	確率	確率	確率	確率	確率

Excel 関数による標準正規分布の数表

手順❶　A 列と 1 行目に，次のように入力しておきます．

	A	B	C	D	E	F
1		0.00	0.01	0.02	0.03	0.04
2	0.0					
3	0.1					
4	0.2					
5	0.3					
6	0.4					
7	0.5					
8	0.6					
9	0.7					
10	0.8					
11	0.9					
12	1.0					
13	1.1					
14	1.2					
15	1.3					
16	1.4					
17	1.5					
18	1.6					
19	1.7					
20	1.8					
21	1.9					
22	2.0					

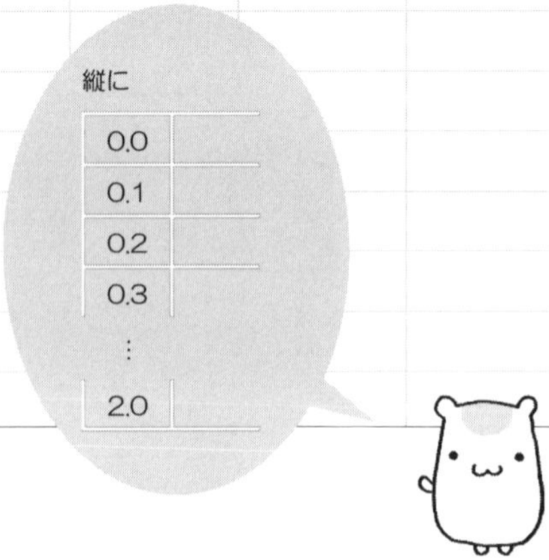

G	H	I	J	K	L
0.05	0.06	0.07	0.08	0.09	

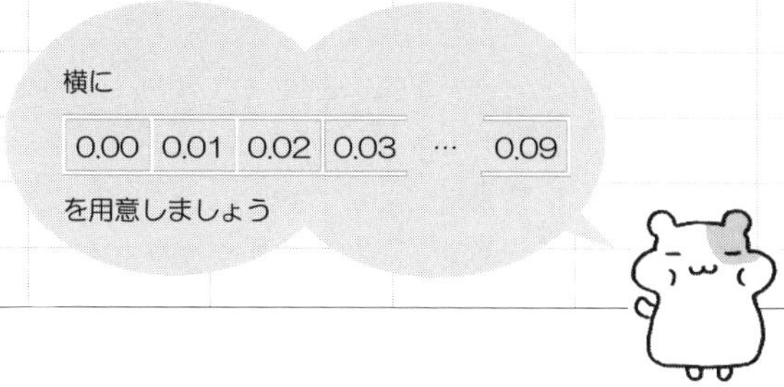

手順❷　B2 に

＝NORMSDIST（＄A2＋B＄1）－0.5

と入力.

B2 をコピーして，C2 から K2 に貼り付けます.

	A	B	C	D	E	F
1		0.00	0.01	0.02	0.03	0.04
2	0.0	0.00000	0.00399	0.00798	0.01197	0.01595
3	0.1	0.03983	0.04380	0.04776	0.05172	0.05567
4	0.2	0.07926	0.08317	0.08706	0.09095	0.09483
5	0.3	0.11791	0.12172	0.12552	0.12930	0.13307
6	0.4	0.15542	0.15910	0.16276	0.16640	0.17003
7	[illegible]	[illegible]	0.19497	0.19847	0.20194	0.20540
8	[illegible]	[illegible]	[illegible]	0.23237	0.23565	0.23891
9	[illegible]	[illegible]	[illegible]	0.26424	[illegible]	[illegible]
10	[illegible]	[illegible]	[illegible]	[illegible]	[illegible]	[illegible]
11	0.9	0.31594	[illegible]	[illegible]	[illegible]	[illegible]
12	1.0	0.34134	[illegible]	[illegible]	0.34849	0.35083
13	1.1	0.36433	0.36650	0.36864	0.37076	0.37286
14	1.2	0.38493	0.38686	0.38877	0.39065	0.39251
15	1.3	0.40320	0.40490	0.40658	0.40824	0.40988
16	1.4	0.41924	0.42073	0.42220	0.42364	0.42507
17	1.5	0.43319	0.43448	0.43574	0.43699	0.43822
18	1.6	0.44520	0.44630	0.44738	0.44845	0.44950
19	1.7	0.45543	0.45637	0.45728	0.45818	0.45907
20	1.8	0.46407	0.46485	0.46562	0.46638	0.46712
21	1.9	0.47128	0.47193	0.47257	0.47320	0.47381
22	2.0	0.47725	0.47778	0.47831	0.47882	0.47932

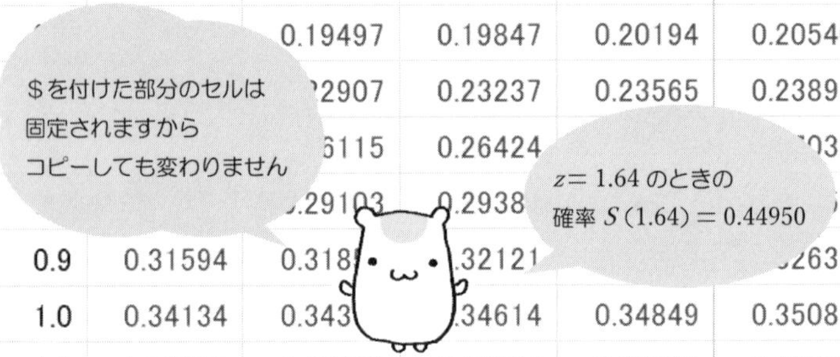

手順❸ B2 から K2 のセルをコピーして，
B3 から K22 に貼り付けます．

G	H	I	J	K	L
0.05	0.06	0.07	0.08	0.09	
0.01994	0.02392	0.02790	0.03188	0.03586	
0.05962	0.06356	0.06749	0.07142	0.07535	
0.09871	0.10257	0.10642	0.11026	0.11409	
0.13683	0.14058	0.14431	0.14803	0.15173	
0.17364	0.17724	0.18082	0.18439	0.18793	
0.20884	[illegible]	[illegible]	0.21904	0.22240	
0.24215	[illegible]	[illegible]	0.25175	0.25490	
[illegible]	[illegible]	[illegible]	[illegible]	[illegible]	
[illegible]	0.30511	0.30785	[illegible]	[illegible]	
0.32894	0.33147	0.33398	[illegible]	[illegible]	
0.35314	0.35543	0.35769	0.35993	0.36214	
0.37493	0.37698	0.37900	0.38100	0.38298	
0.39435	0.39617	0.39796	0.39973	0.40147	
0.41149	0.41309	0.41466	0.41621	0.41774	
0.42647	0.42785	0.42922	0.43056	0.43189	
0.43943	0.44062	0.44179	0.44295	0.44408	
0.45053	0.45154	0.45254	0.45352	0.45449	
0.45994	0.46080	0.46164	0.46246	0.46327	
0.46784	0.46856	0.46926	0.46995	0.47062	
0.47441	0.47500	0.47558	0.47615	0.47670	
0.47982	0.48030	0.48077	0.48124	0.48169	

Section 10.2 標準正規分布の数表の使い方

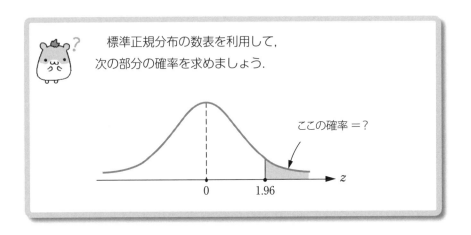

標準正規分布の数表を利用して，
次の部分の確率を求めましょう．

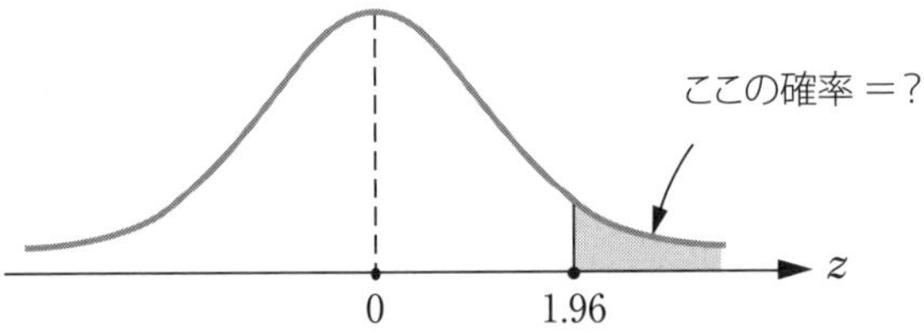

	A	B	C	D	E	F	G	H	I
1		0.00	0.01	0.02	0.03	0.04	0.05	0.06	0.07
2	0.0	0.00000	0.00399	0.00798	0.01197	0.01595	0.01994	0.02392	0.02790
3	0.1	0.03983	0.04380	0.04776	0.05172	0.05567	0.05962	0.06356	0.06749
4	0.2	0.07926	0.08317	0.08706	0.09095	0.09483	0.09871	0.10257	0.10642
5	0.3	0.11791	0.12172	0.12552	0.12930	0.13307	0.13683	0.14058	0.14431
⋮									
17	1.5	0.43319	0.43448	0.43574	0.43699	0.43822	0.43943	0.44062	0.44179
18	1.6	0.44520	0.44630	0.44738	0.44845	0.44950	0.45053	0.45154	0.45254
19	1.7	0.45543	0.45637	0.45728	0.45818	0.45907	0.45994	0.46080	0.46164
20	1.8	0.46407	0.46485	0.46562	0.46638	0.46712	0.46784	0.46856	0.46926
21	1.9	0.47128	0.47193	0.47257	0.47320	0.47381	0.47441	0.47500	0.47558
22	2.0	0.47725	0.47778	0.47831	0.47882	0.47932	0.47982	0.48030	0.48077

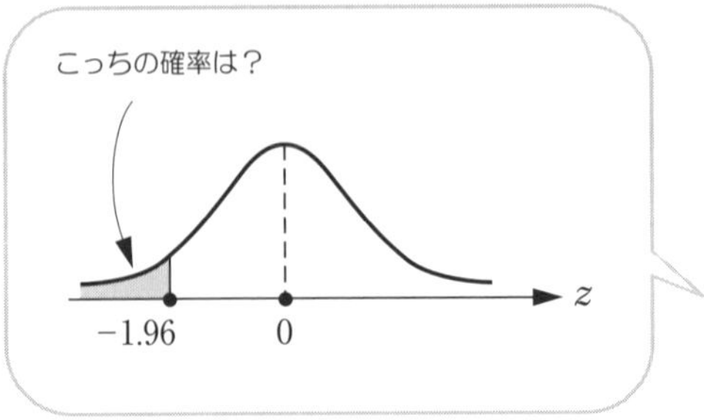

Excelで作った数表をみると

$z = 1.96$ のときの確率 = 0.47500

になっています．

つまり

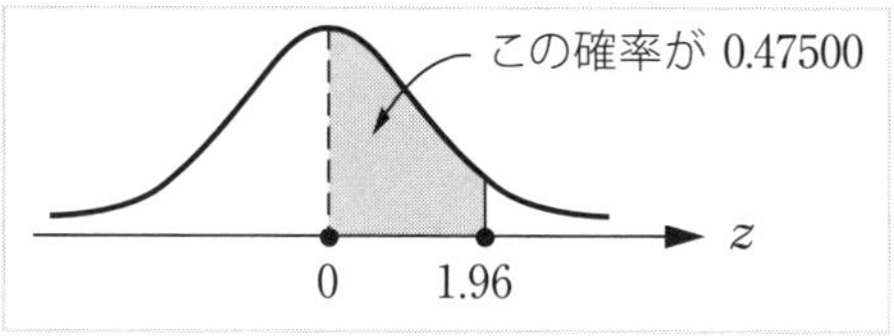

なので，

次の部分の面積（＝確率）を求めるときには

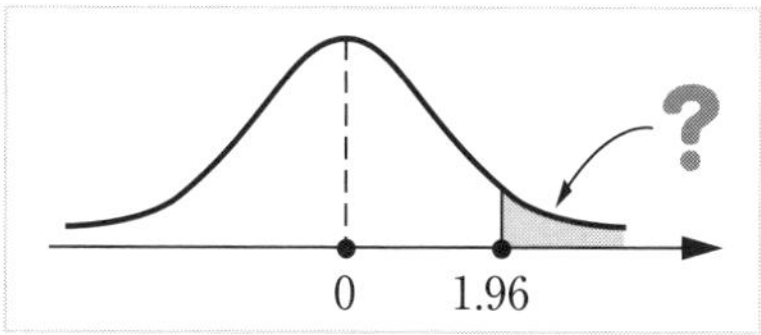

=

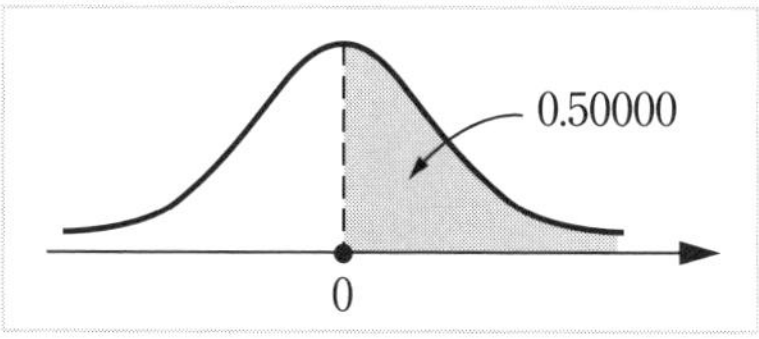

−

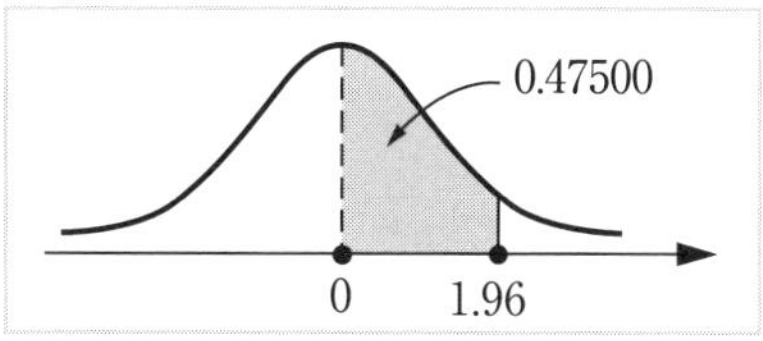

= 0.50000 − 0.47500

= 0.0250

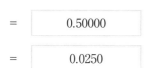

とすればいいですね！

Section 10.3 標準正規分布はどこで使われるの？

標準正規分布は，いろいろなところで利用されていますが

区間推定　と　**仮説の検定**

が，その中心です．

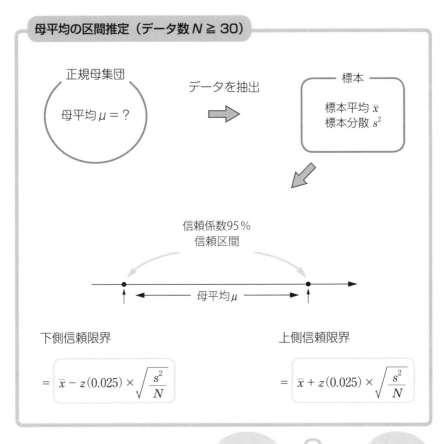

母平均の区間推定（データ数 $N \geqq 30$）

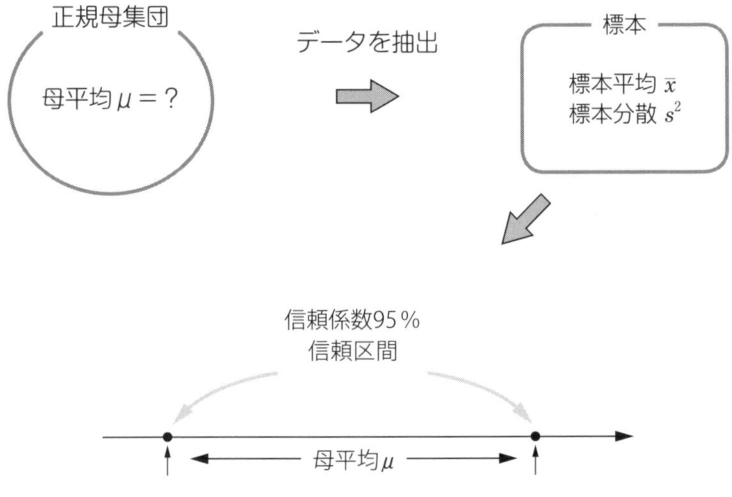

下側信頼限界

$$= \bar{x} - z(0.025) \times \sqrt{\frac{s^2}{N}}$$

上側信頼限界

$$= \bar{x} + z(0.025) \times \sqrt{\frac{s^2}{N}}$$

この区間推定の公式の中はそれぞれ

- $\overline{x}$ …… 標本平均
- s^2 …… 標本分散
- N …… データ数

データ数が少ないときは
t分布を使います

です.

そして，区間推定をするためには，もう1つ値が必要です.

それが……

$$z(0.025) = \boxed{?}$$

です.

この値は

“標準正規分布の右端の確率が 0.025 のときの *z* の値”

ですから，すでに知っていますね！

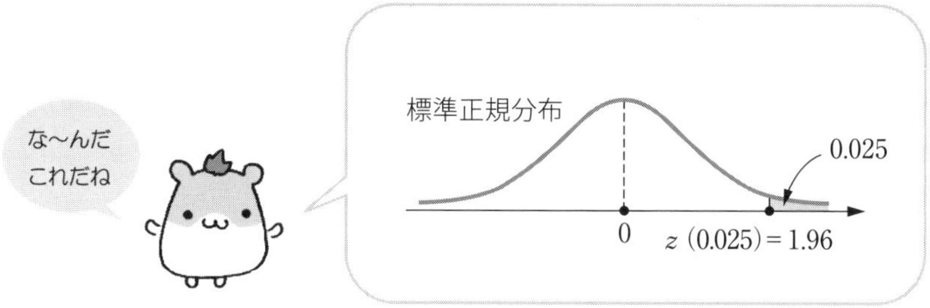
な～んだ
これだね
標準正規分布
0.025
0
z (0.025) = 1.96

次に，仮説の検定をみてみましょう．

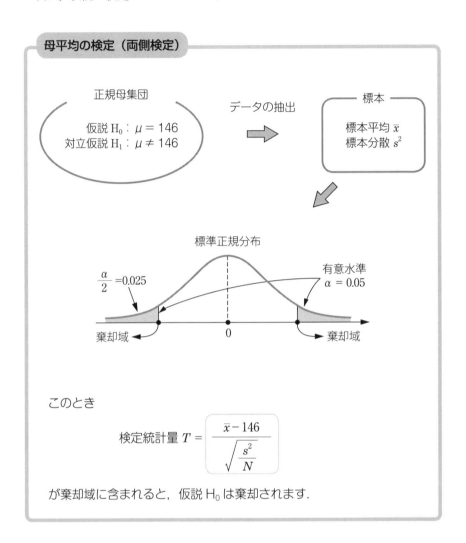

母平均の検定（両側検定）

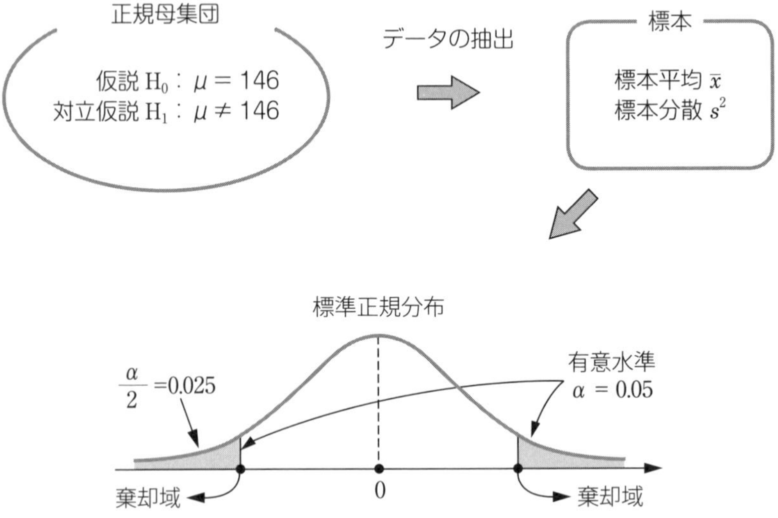

このとき

$$検定統計量\ T = \frac{\bar{x} - 146}{\sqrt{\frac{s^2}{N}}}$$

が棄却域に含まれると，仮説 H_0 は棄却されます．

検定のための有意水準は，確率 $\alpha = 0.05$ なので，
両側検定の棄却域は

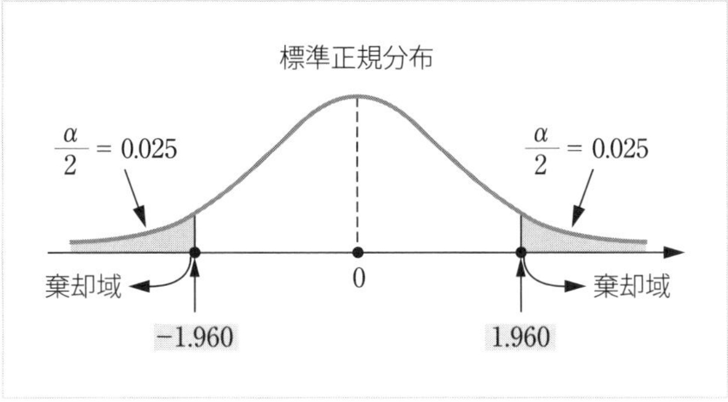

図 10.3.1　標準正規分布と両側の棄却域

となります．

片側検定だと，次のようになります．

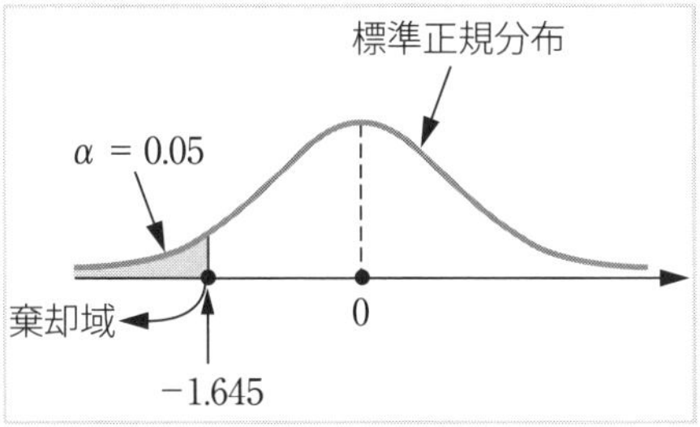

図 10.3.2

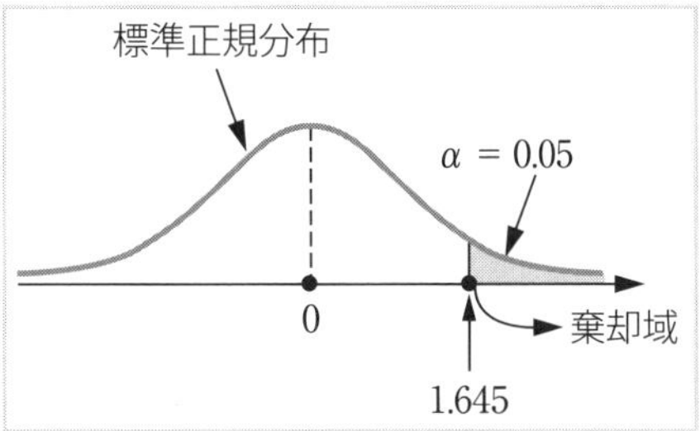

図 10.3.3

chapter 11

正規母集団を探してみませんか？

母集団とは，研究対象のことです．

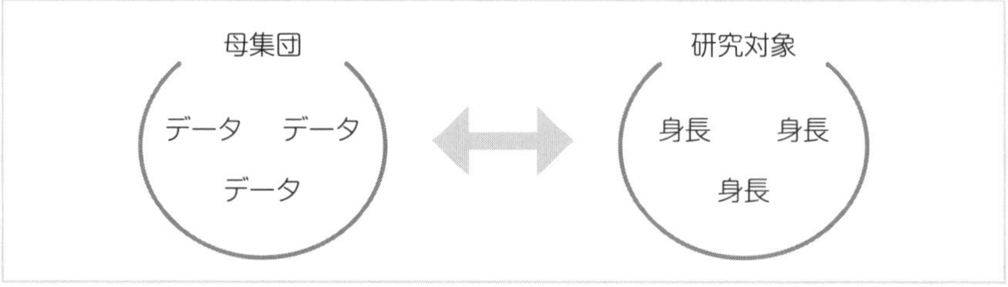

そして，**正規母集団** とは，

研究対象のデータが正規分布に従っている

ということです！

どのようなデータが正規分布に従っているのでしょうか？

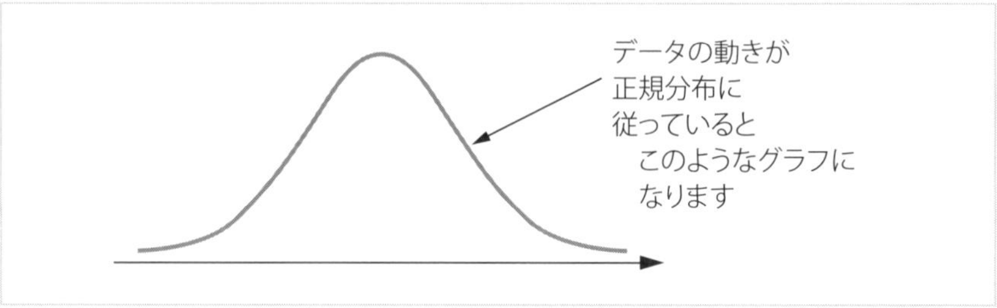

図 11.0.1　正規母集団のグラフ

Section 11.1 ヒストグラムで正規母集団のチェック！

次のデータは，100 人の学生の身長です．

表 11.1.1　100 人の学生の身長

No.	身長	No.	身長	No.	身長	No.	身長
1	151	26	153	51	146	76	156
2	154	27	155	52	166	77	159
3	160	28	163	53	161	78	156
4	160	29	160	54	143	79	156
5	163	30	159	55	156	80	161
6	156	31	164	56	156	81	151
7	158	32	158	57	149	82	162
8	156	33	150	58	162	83	153
9	154	34	155	59	159	84	157
10	160	35	157	60	164	85	153
11	154	36	161	61	162	86	159
12	162	37	168	62	167	87	157
13	156	38	162	63	159	88	158
14	162	39	153	64	153	89	159
15	157	40	154	65	146	90	159
16	162	41	158	66	156	91	159
17	162	42	151	67	160	92	153
18	169	43	155	68	158	93	153
19	150	44	155	69	151	94	164
20	162	45	165	70	157	95	157
21	154	46	165	71	151	96	157
22	152	47	154	72	156	97	155
23	161	48	148	73	166	98	149
24	160	49	169	74	159	99	160
25	160	50	158	75	157	100	150

この身長の分布は？
ヒストグラムの描き方は p.207 を参考にしてください

表 11.1.1 のヒストグラムを描いてみると……

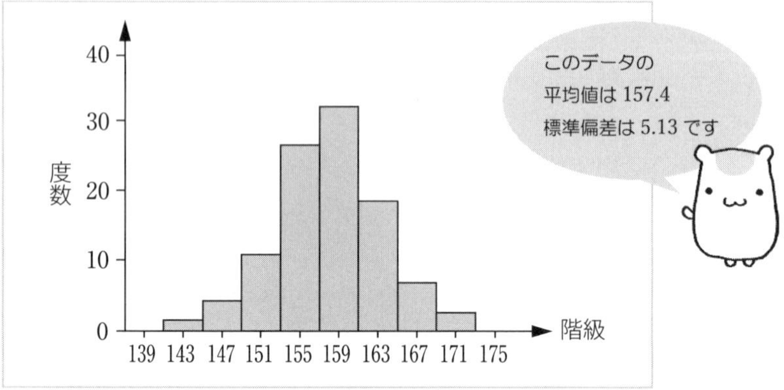

図 11.1.1　100 人の学生の身長のヒストグラム

このヒストグラムの上に正規分布のグラフを重ねてみると……

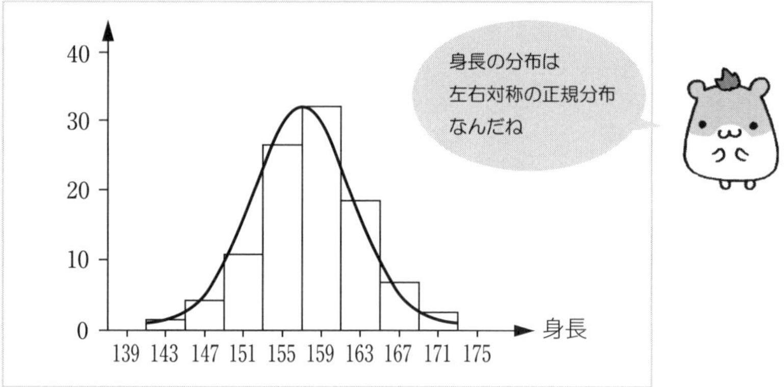

図 11.1.2　身長のヒストグラムと正規分布

2 つの山の形がなんとなく一致していますね！　したがって

身長のデータの分布は正規分布に従っている

と考えてよさそうです.

次のデータは，100 人の学生の体重です．

表 11.1.2　100 人の学生の体重

No.	体重	No.	体重	No.	体重	No.	体重
1	48	26	40	51	43	76	47
2	44	27	40	52	63	77	47
3	48	28	55	53	53	78	52
4	52	29	62	54	42	79	47
5	58	30	50	55	46	80	50
6	58	31	50	56	69	81	51
7	62	32	46	57	47	82	53
8	52	33	45	58	48	83	45
9	45	34	49	59	50	84	51
10	55	35	53	60	55	85	57
11	54	36	57	61	45	86	56
12	47	37	60	62	49	87	52
13	43	38	55	63	51	88	52
14	53	39	47	64	51	89	51
15	54	40	50	65	44	90	48
16	64	41	53	66	58	91	49
17	47	42	46	67	53	92	45
18	61	43	50	68	48	93	45
19	38	44	45	69	46	94	50
20	48	45	50	70	48	95	53
21	47	46	51	71	43	96	45
22	58	47	48	72	50	97	56
23	46	48	48	73	58	98	53
24	47	49	55	74	49	99	52
25	45	50	54	75	50	100	46

この体重の
分布は？
体重のデータの分布も
正規分布に従っているのかな？

表 11.1.2 のヒストグラムを描いてみると……

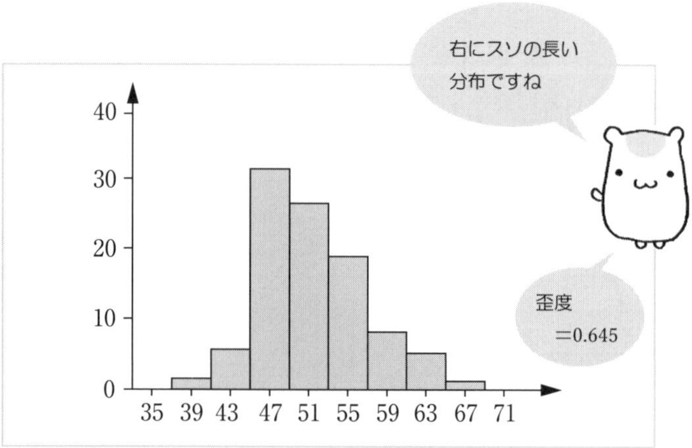

図 11.1.3　学生 100 人の体重のヒストグラム

このヒストグラムの上に，正規分布のグラフを重ねてみましょう．

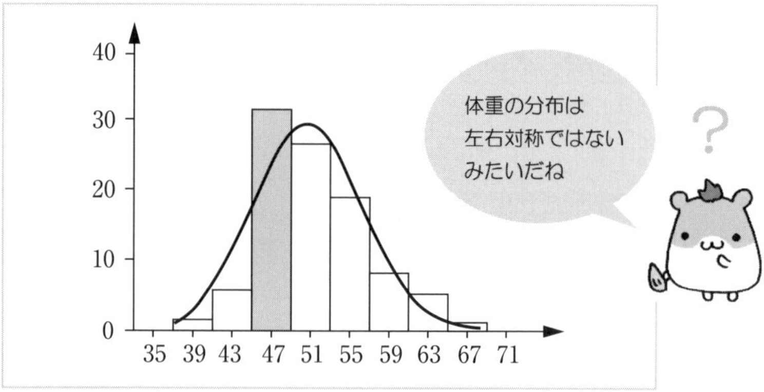

図 11.1.4　体重のヒストグラムと正規分布

左右対称の正規分布に比べ，体重のヒストグラムは
山の形が左に寄っているようです．

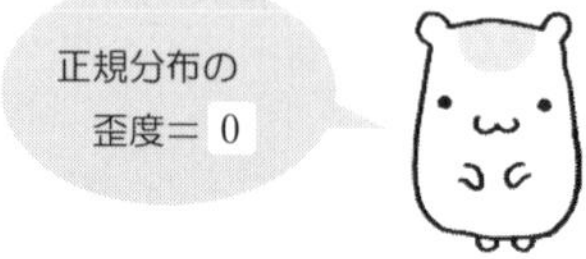

ここで，耳よりなハナシ！

$\sqrt[3]{体重}$ の分布は正規分布に似ている

表 11.1.3　データを変換してみると……

No.	体重		$\sqrt[3]{体重}$
1	48	→	3.63
2	44	→	3.53
3	48	→	3.63
4	52	→	3.73
5	58	→	3.87
6	58	→	3.87
7	62	→	3.96
8	52	→	3.73
9	45	→	3.56
10	55	→	3.80
11	54	→	3.78
12	47	→	3.61
⋮	⋮	⋮	⋮
90	48	→	3.63
91	49	→	3.66
92	45	→	3.56
93	45	→	3.56
94	50	→	3.68
95	53	→	3.76
96	45	→	3.56
97	56	→	3.83
98	53	→	3.76
99	52	→	3.73
100	46	→	3.58

$\sqrt[3]{\quad}$ をすると
どうして正規分布に
近づくのでしょう？
タテ × ヨコ × タカサ ？

$\sqrt[3]{体重}$ のヒストグラムと正規分布を重ねてみると……

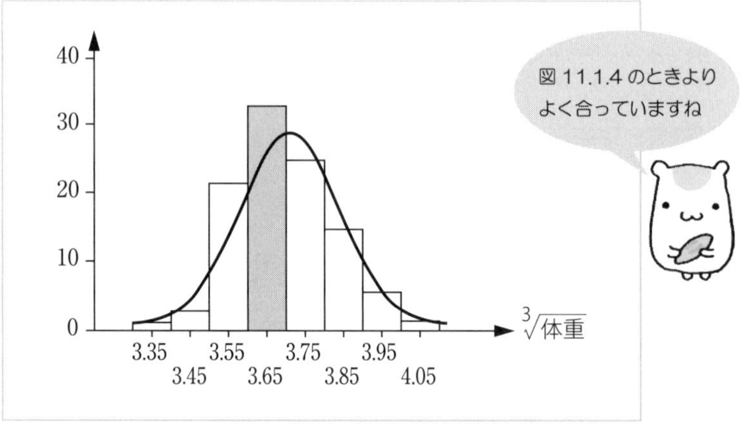

図 11.1.5 $\sqrt[3]{体重}$ のヒストグラムと正規分布

このように，

うまく変換する

- Box・Cox 変換
- 対数変換

ことによって，

データの分布を正規分布に近づける

ことができます．

実は，データの分布が正規分布になっている例は
あまり見つかりません．

いろいろなデータの分布の形を描いてみると，
その形は

右にスソの長い分布

であることに気づきます．

Section 11.2 正規性の検定でチェック！

データの分布が正規分布に近いかどうか？
をチェックする方法として

正規性の検定

があります.

正規性の検定方法はいろいろあります
・正規確率プロット
・kolmogorov-Smirnov

この検定は計算が大変なので，SPSS などの
統計解析用ソフトにまかせることにしましょう.

正規性の検定の手順は，次のようになります.

正規性の検定の手順

手順❶ 次のような仮説と対立仮説をたてます.

仮説 H_0：母集団の分布は正規分布に従っている
対立仮説 H_1：母集団の分布は正規分布に従っていない

手順❷ データから，検定統計量と
有意確率を計算します.

手順❸ 有意確率≦ 0.05 のとき，
母集団の分布は，正規分布に従っていない
とします.

有意確率＞ 0.05 のとき，
母集団の分布は，正規分布に従っている
とします.

正規性の検定をしましょう・その 1

表 11.1.1 のデータを使って，正規性の検定をしてみましょう．

学生の身長の分布は正規分布である

といっていいのでしょうか．

手順❶ 仮説 H_0 と対立仮説 H_1 をたてます．

仮説 H_0：身長の分布は正規分布である

対立仮説 H_1：身長の分布は正規分布ではない

手順❷ データから，検定統計量と有意確率を求めます．

SPSSによる正規性の検定

	Shapiro-Wilk		
	統計量	自由度	有意確率.
身長	.992	100	.819

図 11.2.1　SPSS による出力結果・その 1

手順❸ 有意確率 0.819 が有意水準 0.05 より大きいので，

仮説 H_0 は棄てられません．

したがって，

身長の分布は正規分布である

といってよさそうです．

正規性の検定

	Shapiro-Wilk		
	統計量	自由度	有意確率.
体重	.971	100	**.026**

正規性の検定をしましょう・その2

表11.1.3のデータを使って，正規性の検定をしてみましょう．

$\sqrt[3]{体重}$ **の分布は正規分布に従っている**

のでしょうか？

手順❶ 仮説 H_0 と対立仮説 H_1 をたてます．

仮説 H_0：$\sqrt[3]{体重}$ の分布は正規分布に従っている

対立仮説 H_1：$\sqrt[3]{体重}$ の分布は正規分布に従っていない

手順❷ データから，検定統計量と有意確率を求めます．

SPSSによる正規性の検定

	Shapiro-Wilk		
	統計量	自由度	有意確率.
$\sqrt[3]{体重}$	.983	100	.230

図 11.2.2　SPSSによる出力結果・その2

手順❸ 有意確率0.230が有意水準0.05より大きいので，

仮説 H_0 は棄てられません．

したがって，

$\sqrt[3]{体重}$ の分布は正規分布に従っている

といってよさそうです．

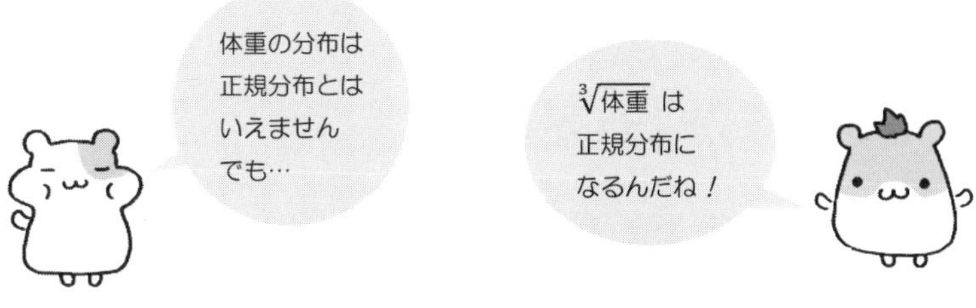
体重の分布は
正規分布とは
いえません
でも…
$\sqrt[3]{体重}$ は
正規分布に
なるんだね！

chapter 12

なぜ正規分布が重要なのですか？

実際にデータを集めてみても，
そのデータの分布が正規分布に従っているとは
限りません．

では，なぜ正規分布が重要なのでしょうか？

その理由を知るためには

標本平均 $\bar{x}$ の分布

を調べる必要があります．

そこで

母集団からデータを抽出 ⇨ 標本平均を計算
母集団からデータを抽出 ⇨ 標本平均を計算
⋮ ⋮
母集団からデータを抽出 ⇨ 標本平均を計算

のように，くり返し標本平均を求め

標本平均 $\bar{x}$ のヒストグラム

を描いてみましょう．

データの分布をいろいろ調べていると，……

いちばん多く目にするのが，次のような

右にスソの長い分布

です．

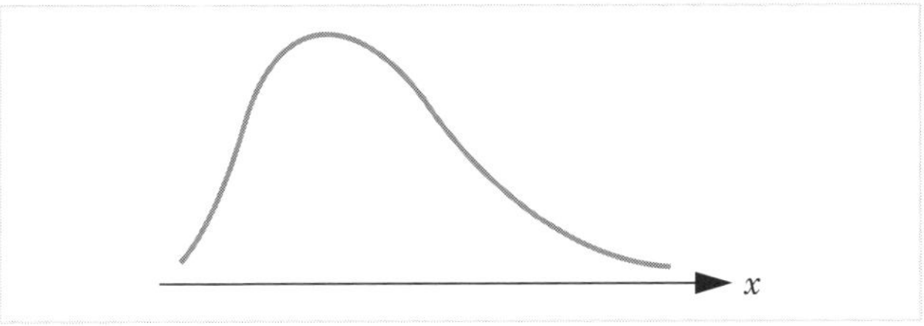

図 12.1　よく目にするデータの分布の形

そこで，母集団の分布がこのような形をしているとき

標本平均 $\bar{x}$ の分布がどのような形になるのか？

実験してみましょう．

そこで，次のような母集団の分布を取り上げます．

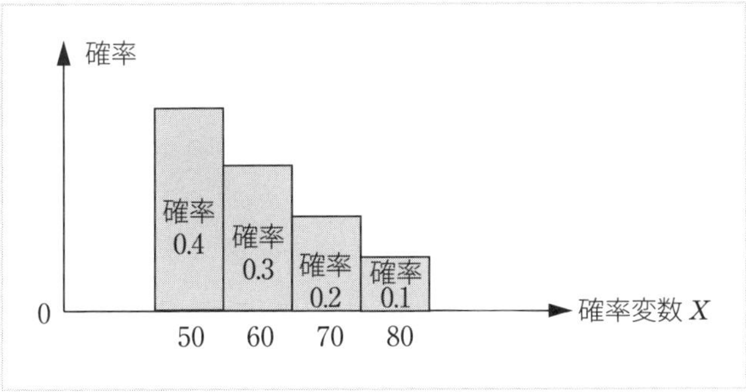

図 12.2　右にスソの長い離散確率分布のグラフ

この母集団から，5 個のデータをランダムに取り出して

標本平均 $\bar{x}$

を記録します．

そこで，乱数を利用して，次のように対応させます．

- 乱数が 0，1，2，3 のときは

  確率 $\frac{4}{10}$ で，データの値を 50 とします．

- 乱数が 4，5，6 のときは

  確率 $\frac{3}{10}$ で，データの値を 60 とします．

- 乱数が 7，8 のときは

  確率 $\frac{2}{10}$ で，データの値を 70 とします．

- 乱数が 9 のときは

  確率 $\frac{1}{10}$ で，データの値を 80 とします．

ご心配なく！
Excel を使うと
簡単に実験が
できるのです

たとえば，乱数を 5 回発生させたとき，その乱数が

{ 5　6　3　1　4 }

となれば，データの値を

{ 60　60　50　50　60 }

のように対応させます．

このとき，標本平均は

$$\bar{x} = \frac{60 + 60 + 50 + 50 + 60}{5} = 56$$

となります．

この実験を 100 回くり返しましょう！

Excel による確率分布のシミュレーション

手順❶ ワークシートに，次のように入力しておきます．

	A	B	C	D	E
1	50	0.4			
2	60	0.3			
3	70	0.2			
4	80	0.1			

↑値　↑確率

手順❷ 分析ツールの **乱数発生** を利用します．

［データ］⇒［データ分析］⇒［乱数発生］を選択．

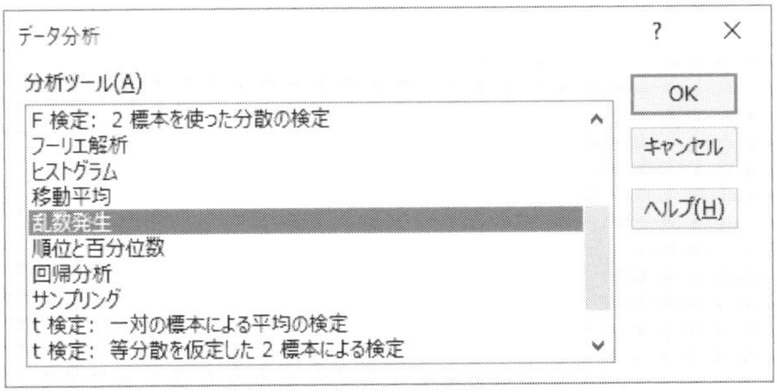

●［データ分析］の出し方

ファイル → オプション → アドイン → Excel アドイン → 設定（G）から

□ 分析ツール にチェック！

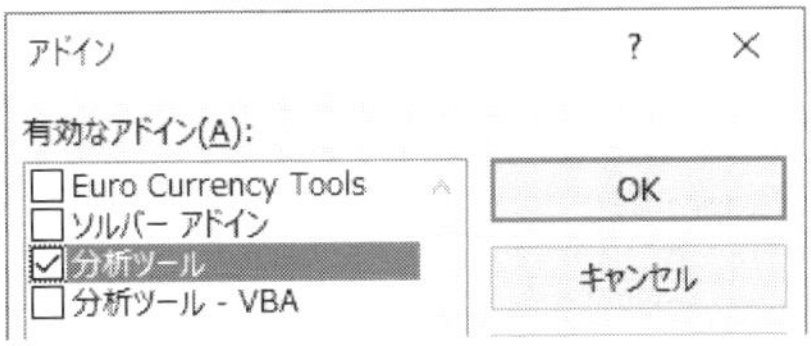

手順❸　乱数発生の画面になったら，
次のように
その❶から**その❺**の順に入力して［ OK ］.

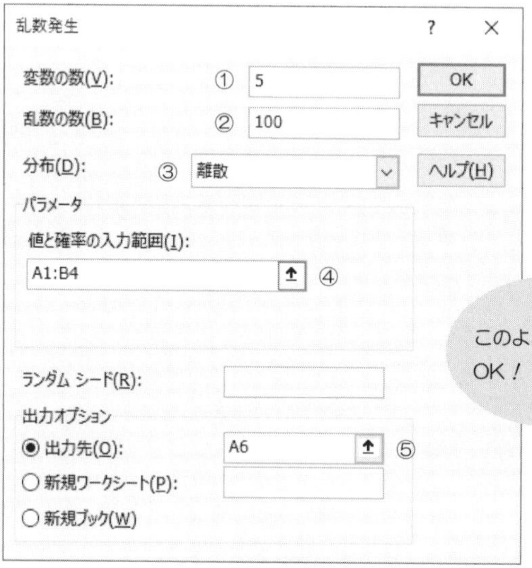

その❶　変数の数(V)

その❷　乱数の数(B)

その❸　分布(D)

その❹　値と確率の入力範囲(I)

その❺　◉出力先（O）

手順❹　すると，100 組のデータができます．

	A	B	C	D	E
1	50	0.4			
2	60	0.3	離散確率分布		
3	70	0.2			
4	80	0.1			
5					
6	50	60	70	50	50
7	60	50	70	60	50
8	80	50	60	60	50
9	50	60	70	50	60
10	60	60	50	50	60
11	60	70	70	50	70
⋮					
96	50	50	60	70	50
97	50	60	50	50	70
98	60	80	60	80	70
99	50	60	50	70	50
100	50	50	50	60	50
101	70	70	80	70	50
102	80	60	60	60	50
103	50	60	70	70	60
104	50	50	50	50	50
105	50	50	50	50	60

100回
繰り返しています

ここは乱数なので
クリックするたび
値が変わります
この数値になるとは
限りません

手順❺　次に，各行のデータの平均値を求めるために
F6 のセルに　＝AVERAGE(A6：E6)
と入力して ↵.

	A	B	C	D	E	F	G
1	50	0.4	離散確率分布				
2	60	0.3					
3	70	0.2					
4	80	0.1				標本平均	
5							
6	50	60	70	50	50	56	
7	60	50	70	60	50		
8	80	50	60	60	50		
9	50	60	70	50	60		

手順❻　F6 をコピーして，F7 から F105 まで
貼り付けます．

	A	B	C	D	E	F	G
1	50	0.4	離散確率分布				
2	60	0.3					
3	70	0.2					
4	80	0.1				標本平均	
5							
6	[illegible]	[illegible]	70	50	50	56	
7	[illegible]	[illegible]	[illegible]	60	50	58	
⋮							
102	80	60	60	60	50	62	
103	50	[illegible]	70	70	60	62	
104	50	[illegible]	50	50	50	50	
105	50	[illegible]	50	50	60	52	

手順❼ 次に，ヒストグラムの階級を入力します．

G6 から G12 に，次のように階級（＝データ区間）を入力します．

	A	B	C	D	E	F	G	H
1	50	0.4						
2	60	0.3						
3	70	0.2						
4	80	0.1						
5								
6	50	60	70	50	50	56	50	
7	60	50	70	60	50	58	54	
8	80	50	60	60	50	60	58	
9	50	60	70	50	60	58	62	
10	60	60	50	50	60	56	66	
11	60	70	70	50	70	64	70	
12	50	50	60	50	70	56	74	
13	50	50	50	60	60	54		

離散確率分布（A1:B4）

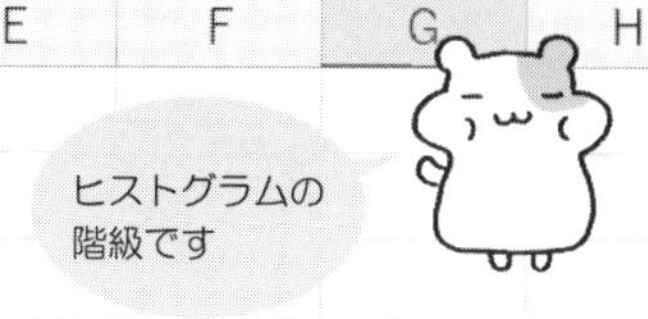

標本平均

階級＝データ区間

手順❽ 分析ツールの **ヒストグラム** を利用します．

［ データ ］⇒［ データ分析 ］⇒［ ヒストグラム ］

を選択して，［ OK ］．

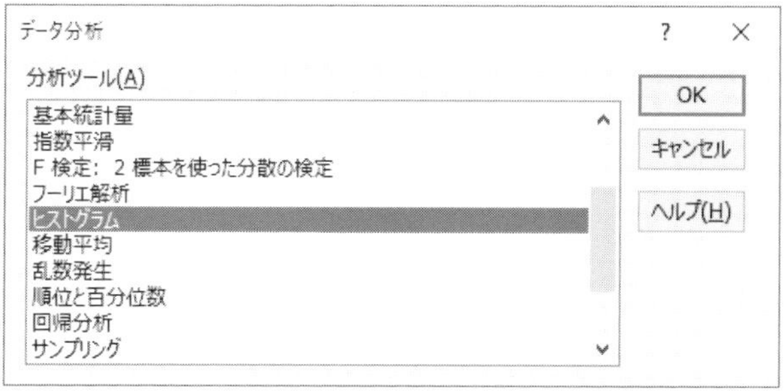

手順❾　ヒストグラムの画面になったら

次のように，❶，❷，❸の順に入力して，［ OK ］.

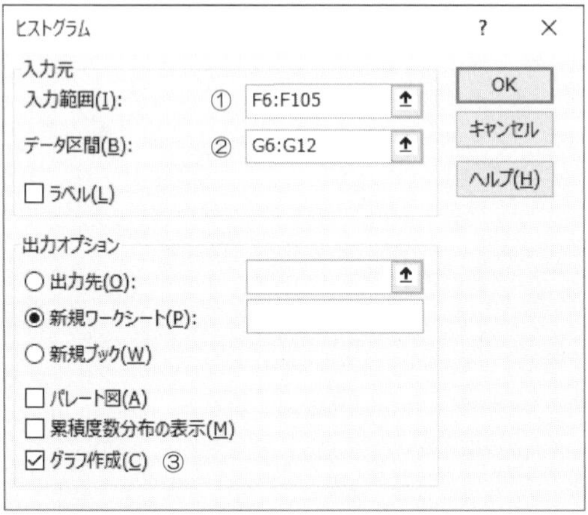

その❶　入力範囲（I）　←データの範囲

その❷　データ区間（B）　←ヒストグラムの階級

その❸　出力オプションの
□ グラフ作成（C）
をチェック　←ヒストグラムを作成

手順⑩　次のようにヒストグラムが作成されました．

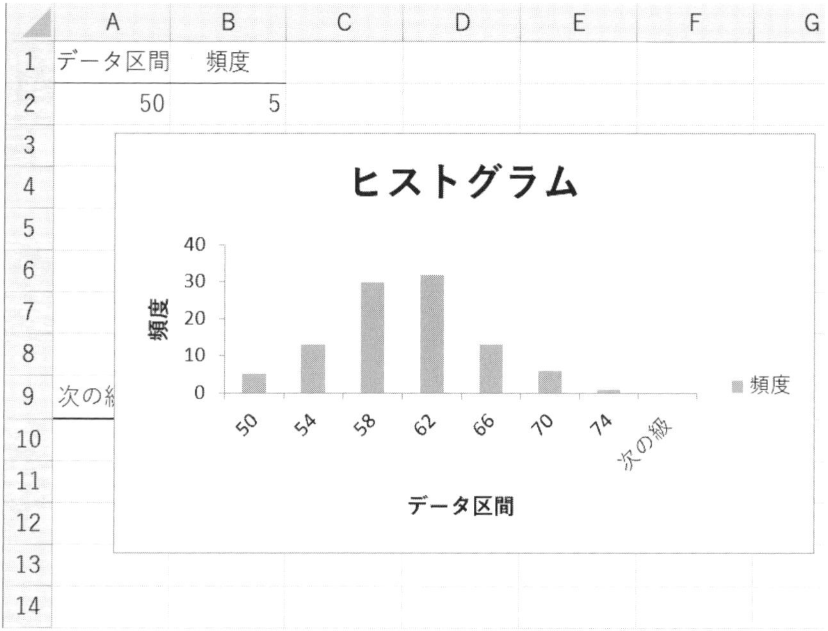

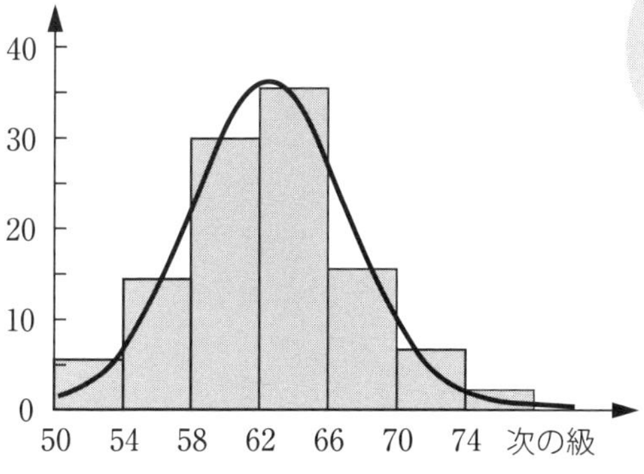

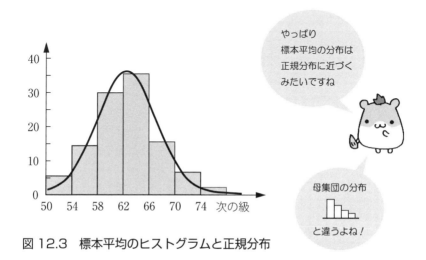

図 12.3　標本平均のヒストグラムと正規分布

参考文献

[01]『よくわかる線型代数』有馬哲，石村貞夫著，1988.
[02]『よくわかる微分積分』有馬哲，石村貞夫著，1988.
[03]『改訂版すぐわかる統計解析』石村貞夫著，2019.
[04]『改訂版すぐわかる多変量解析』石村貞夫著，2020.
[05]『すぐわかる統計用語の基礎知識』石村貞夫他著，2016.
[06]『すぐわかる統計処理の選び方』石村貞夫他著，2010.
[07]『入門はじめての統計解析』石村貞夫著，2006.
[08]『入門はじめての多変量解析』石村貞夫著，2007.
[09]『入門はじめての分散分析と多重比較』石村貞夫他著，2008.
[10]『入門はじめての統計的推定と最尤法』石村貞夫他著，2010.
[11]『入門はじめての時系列分析』石村貞夫他著，2012.
[12]『Excel でやさしく学ぶ統計解析 2019』石村貞夫他著，2019.
[13]『SPSS でやさしく学ぶ統計解析（第 6 版）』石村貞夫他著，2017.
[14]『SPSS でやさしく学ぶ多変量解析（第 5 版）』石村貞夫他著，2015.
[15]『SPSS による統計処理の手順（第 9 版）』石村貞夫他著，2021.
[16]『SPSS による多変量データ解析の手順（第 5 版）』石村貞夫他著，2016.
[17]『SPSS によるアンケート調査の統計処理』石村光資郎他著，2020.
[18]『統計学の基礎のキ～分散と相関係数編』石村貞夫他著，2012.
[19]『統計学の基礎のソ～正規分布と t 分布』石村貞夫他著，2012.

以上　東京図書

[20]『クックルとパックルの大冒険―マッコリ号に乗って統計解析の謎を解く』石村貞夫他著，共立出版，2007.

索引

著者紹介

石村友二郎（いしむら ゆうじろう）

2009年　東京理科大学理学部数学科卒業
2014年　早稲田大学大学院基幹理工学研究科数学応用数理学科
現　在　文京学院大学 教学IRセンター特任助教　戦略企画・IR推進室職員

石村貞夫（いしむら さだお）

1975年　早稲田大学理工学部数学科卒業
1977年　早稲田大学大学院理工学研究科数学専攻修了
1981年　東京都立大学大学院博士課程単位取得
現　在　鶴見大学准教授
理学博士
統計コンサルタント・統計アナリスト

数学をつかう　意味がわかる　統計学のキホン

2021年4月25日　第1版第1刷発行

著　者　石　村　友二郎
監　修　石　村　貞　夫
発行所　東京図書株式会社
〒102-0072　東京都千代田区飯田橋3-11-19
振替00140-4-13803　電話03(3288)9461
URL: http://www.tokyo-tosho.co.jp/

ISBN978-4-489-02359-0